LE PROBLÈME DE CHIMIE ÉLÉMENTAIRE

(PRINCIPES ET EXEMPLES DE SOLUTIONS)

A L'USAGE DES CANDIDATS
AUX BACCALAURÉATS ET AUX ÉCOLES DU GOUVERNEMENT

PAR

A. MAILLARD
Professeur de Sciences physiques.

PARIS
VUIBERT ET NONY ÉDITEURS
63, Boulevard Saint-Germain, 63

1908

LE PROBLÈME

DE CHIMIE ÉLÉMENTAIRE

A LA MÊME LIBRAIRIE

DU MÊME AUTEUR :

Le Problème de Physique élémentaire. — Volume 22/14^{cm}, broché. . . . . 3 fr. »

Guide de Manipulations chimiques élémentaires, suivi d'un tableau pour l'analyse qualitative simple, par M. JEANSON. — Deux volumes 18/12^{cm}, rognés . . . . 3 fr. »

On vend séparément :

I. *Métalloïdes* . . . . 1 fr. 25
II. *Métaux et analyse qualitative* . . . . 2 fr. »

LE PROBLÈME
DE CHIMIE
ÉLÉMENTAIRE

(PRINCIPES ET EXEMPLES DE SOLUTIONS)

A L'USAGE DES CANDIDATS
AUX BACCALAURÉATS ET AUX ÉCOLES DU GOUVERNEMENT

PAR

A. MAILLARD
Professeur de Sciences physiques.

PARIS
VUIBERT ET NONY ÉDITEURS
63, Boulevard Saint-Germain, 63

1908

AVERTISSEMENT

Les livres classiques de Chimie élémentaire renferment généralement quelques problèmes dont les solutions sont proposées comme exemples aux élèves, mais les recueils de *Problèmes de Chimie* sont très rares en France. Cependant le problème de chimie est inscrit au programme de la classe de Mathématiques et aux programmes de préparation aux différentes écoles : École spéciale militaire, École centrale, Écoles industrielles, etc. Cet ouvrage nous semble donc venir à son heure et nous le présentons avec confiance aux professeurs et aux élèves ; les uns y trouveront une méthode pour la résolution des problèmes, les autres un recueil d'énoncés se rapportant aux programmes de leur enseignement.

Le lecteur remarquera que nous avons fait une large part aux questions d'*analyse quantitative ;* c'est, en effet, l'une des parties les plus intéressantes de la Chimie, et c'est aussi par elle que l'enseignement de cette science devient « très simple et très pratique », ainsi que le demandent les instructions annexées aux programmes classiques.

A. M.

Tableau I

Masses atomiques internationales.

NOMS	SYMBOLES	RAPPORTÉES A O = 16	RAPPORTÉES A H = 1	VALEURS APPROCHÉES O = 16	CHALEURS SPÉCIFIQUES
Aluminium.	Al.	27,1	26,9	27	0,202
Antimoine .	Sb	120,2	119,3	120	0,0495
Argent. . .	Ag	107,93	107,12	108	0,0559
Argon . . .	A	39,9	39,6	40	. . . . . .
Arsenic . .	As	75	74,4	75	0,083
Azote . . .	Az ou N	14,04	13,93	14	. . . . . .
Baryum . .	Ba	137,4	136,4	137	. . . . . .
Bismuth . .	Bi	208,5	206,9	208	0,0305
Bore. . .	B	11	10,9	11	0,366
Brome. . .	Br	79,96	79,36	80	0,0843 (sol)
Cadmium .	Cd	112,4	111,6	112	0,548
Cæsium . .	Cs	132,9	131,9	132	. . . . . .
Calcium . .	Ca	40,1	39,8	40	0,1804
Carbone .	C	12	11,91	12	0,459 (950°)
Chlore. . .	Cl	35,45	35,18	35,5	. . . . . .
Chrome . .	Cr	52,1	51,7	52	. . . . . .
Cobalt . . .	Co	59	58,56	59	0,1067
Cuivre . . .	Cu	63,6	63,1	64	0,0968 (247°)
Étain . . .	Sn	119	118,1	119	0,0559
Fluor . . .	F	19	18,9	19	. . . . . .
Hélium. . .	He	4	4	4	. . . . . .
Hydrogène .	H	1,008	1	1	. . . . . .
Iode . .	I	126,85	125,90	127	0,054
Iridium . .	Ir	193	191,5	193	0,0323
Fer . . .	Fe	55,9	55,5	56	0,1267 (300°)
Lithium . .	Li	7,03	6,98	7	0,94
Magnésium.	Mg	24,36	24,18	24,3	0,245
Manganèse .	Mn	55	54,6	55	0,1217
Mercure . .	Hg	200	198,5	200	0,0319 (sol)
Nickel . .	Ni	58,7	58,3	58	0,109
Or.	Au	197,2	195,7	196	0,0316
Oxygène . .	O	16	15,88	16	. . . . . .
Palladium .	Pd	106,5	105,7	106	0,059
Phosphore .	P	31	30,77	31	0,202
Platine. .	Pt	194,8	193,3	194	0,0377
Plomb. . .	Pb	206,9	205,35	206	0,0315
Potassium .	K	39,15	38,86	39	0,165
Radium . .	Rd	225	233,3	233	. . . . . .
Rubidium .	Rb	85,4	84,8	85	. . . . . .
Sélénium. .	Se	79,2	78,6	79	0,084
Silicium . .	Si	28,4	28,2	28	0,203 (232°)
Sodium . .	Na	23,05	22,88	23	0,2934
Soufre . .	S	32,06	31,83	32	0,1764
Strontium .	Sr	87,6	86,94	87	. . . . . .
Thallium. .	Tl	204,1	202,6	204	0,0335
Tellure. . .	Te	127,6	126,6	127	0,0476
Zinc	Zn	65,4	64,9	65	0,0935

Densités des gaz et de quelques vapeurs.

NOMS	FORMULES MOLÉCULAIRES	MOLÉCULE-GRAMME	POIDS DU LITRE P	DENSITÉS TROUVÉES
Oxygène	O^2	15,88×2	1,4293	1,10520
Hydrogène	H^2	2	0,08984	0,06948
Azote	Az^2	14,04×2	1,2505	0,9670
Chlore	Cl^2	35,5 ×2	3,221	2,491
Brome	Br^2	80 ×2	7,18	5,54
Iode	I^2	127 ×2	11,42	8,72 vers 300° 5,7 à 1500°
Fluor	F^2	19 ×2	1,71	1,265
Soufre	S^2	32 ×2	2,88	6,51 à 500° 2,23 à 1040°
Phosphore	P^4	31 ×4	5,58	4,42 à 313° 4,5 à 1040°
Arsenic	As^4	75 ×4	13,48	10,6
Mercure	Hg	200	8,99	6,98
Acide chlorhydrique	HCl	36,5	1,641	1,2692
Acide bromhydrique	HBr	81	3,64	2,71
Acide iodhydrique	HI	128	5,75	4,44
Acide fluorhydrique	HF	20	0,899	0,695 (calculée)
Vapeur d'eau	H^2O	18	0,809	0,6235
Acide sulfhydrique	H^2S	34	1,538	1,1895
Ammoniaque	AzH^3	17	0,763	0,5971
Hydrogène phosphoré	PH^3	34	1,531	1,184 (calculée)
Hydrogène arsénié	AsH^3	78	3,50	2,695
Anhydride sulfureux	SO^2	64	2,927	2,2634
Oxyde de carbone	CO	28	1,258	0,9670
Anhydride carbonique	CO^2	44	1,977	1,5287
Anhydr. hypochloreux	Cl^2O	87	3,91	3,03 (calculée)
Acétylène	C^2H^2	26	1,171	0,9056
Éthylène	C^2H^4	28	1,258	0,971
Méthylamine	CH^5Az	31	1,39	1,08
Formène	CH^4	16	0,718	0,558
Cyanogène	C^2Az^2	52	2,338	1,806
Chlorure d'éthyle	C^2H^5Cl	64,5	2,88	2,22

TABLEAU III

Chaleurs de formation de quelques composés chimiques.

(Les quantités de chaleur sont exprimées en grandes calories.)

NOMS	COMPOSANTS	COMPOSÉS	GAZEUX	DISSOUS
Eau	$H^2 + O$	H^2O	58Cal.	69Cal.
Acide chlorhydrique . .	$H + Cl$	HCl	22	39,4
— bromhydrique . .	$H + Br$	HBr	8,6	28,6
— iodhydrique . . .	$H + I$	HI	»	9,4
— sulfhydrique. . .	$H^2 + S$	H^2S	4,8	9,5
Ammoniaque.	$Az + H^3$	AzH^3	— 34,0	21
Oxyde de carbone . . .	$C + O$	CO	26,1	»
Anhydride carbonique .	$C + O^2$	CO^2	94,3	99,9
— sulfureux . .	$S + O^2$	SO^2	92	141
— sulfurique. .	$S + O^3$	SO^3	»	71,7
Acide sulfurique	$S + O^3 + H^2O$	SO^4H^2	192,2	210
Protoxyde d'azote. . . .	$Az^2 + O$	Az^2O	— 20,6	— 14,4
Anhydride azotique. . .	$Az^2 + O^5$	Az^2O^5	34,4	48,8
Anhydr. phosphorique .	$P^2 + O^5$	P^2O^5	»	411
			Solide	Dissous
Potasse.	$K + O + H$	KOH	104	117
Soude	$Na + O + H$	$NaOH$	102,7	112,5
Chaux.	$Ca + O$	CaO	135	153
Chaux éteinte	$Ca + O + H^2O$	CaO^2H^2	150	153
Alumine.	$Al^2 + O^3 + 3H^2O$	$Al^2(OH)^6$	383	»
Baryte	$Ba + O$	BaO	133,4	161,5
Chlorure de potassium .	$K + Cl$	KCl	105,7	101
— de sodium. . .	$Na + Cl$	$NaCl$	97,9	96,6
— d'ammonium .	$Az + H^4 + Cl$	AzH^4Cl	76,8	72,8
— de baryum . .	$Ba + Cl^2$	$BaCl^2$	199	197
— d'aluminium .	$Al^2 + Cl^3$	Al^2Cl^3	323,6	476
— de zinc	$Zn + Cl^2$	$ZnCl^2$	97,4	113
— d'argent. . . .	$Ag + Cl$	$AgCl$	29	»
Bromure de potassium .	$K + Br$	KBr	95,6	90,4
Iodure de potassium . .	$K + I$	KI	80,2	75
			Gazeux	
Méthane	$C + H^4$	CH^4	18,9	»
Ethylène.	$C^2 + H^4$	C^2H^4	— 14,6	»
Acétylène.	$C^2 + H^2$	C^2H^2	— 58,1	»
Benzine	$C^6 + H^6$	C^6H^6	— 11,3	»

Chaleurs dégagées dans la formation d'un sel par la combinaison d'un acide et d'une base.

BASES	ACIDE $\frac{1}{2}SO^4H^2$	ACIDE AzO^3H	ACIDE HCl	ACIDE $C^2H^3O^2$
KOH	16	15,51	15,65	13,97
$NaOH$	15,81	15,28	15,13	13,6
$AzH^4O.OH$	14,69	13,7	13,53	12,64
$\frac{1}{2}MnO$	12,07	10,85	11,23	9,98
$\frac{1}{2}FeO$	10,87	9,64	9,82	8,59
$\frac{1}{2}CuO$	7,72	6,40	6,41	5,26

LE PROBLÈME DE CHIMIE

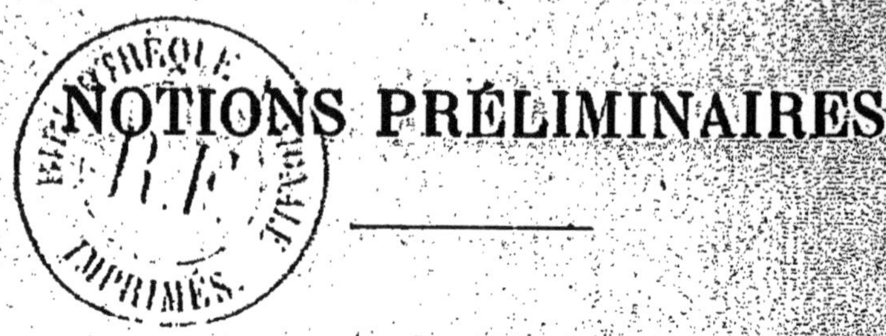

NOTIONS PRÉLIMINAIRES

RÉSUMÉ PRATIQUE

DES LOIS RELATIVES AUX COMBINAISONS CHIMIQUES

Conséquences de la loi d'Avogadro.

1° Le volume de 2^g d'hydrogène est sensiblement $22^l,3$ à $0°$ et sous la pression 760^{mm} de mercure ; il en est de même de la *molécule-gramme* d'un corps quelconque à l'état gazeux.

Par suite, la masse a du litre d'un corps à l'état de gaz ou de vapeur dont la molécule est représentée par M grammes a pour valeur théorique normale

$$a = \frac{M}{22,3}.$$

2° La masse de $22^l,3$ d'air, dans les conditions normales de température et de pression, vaut

$$22^l,3 \times 1,293 = 28^g,8 ;$$

comme la densité d'un gaz par rapport à l'air est le rapport des masses d'un même volume de gaz et d'air pris tous deux dans les mêmes conditions de température et de pression, la densité théorique d d'un corps gazeux dont la molécule ($22^l,3$) vaut M grammes sera

$$d = \frac{M}{28,8}$$

et la molécule-gramme M aura pour valeur

$$M = d \times 28,8. \qquad \text{(Voir Tableau II)}$$

La molécule-gramme d'un corps est la somme en grammes des masses atomiques ou des atomes-grammes de ses composants. *Ex.* : la molécule-gramme de l'eau, H^2O, vaut

$$2 + 16 = 18 \text{ grammes.}$$

3° Toute formule chimique, H^2O, AzH^3, C^2H^6O, etc., symbolisant la molécule d'un corps, représente 2 volumes chimiques (physiquement $22^l,3$); de plus, *si les composants ont tous la même atomicité*, les exposants des éléments représentent les rapports des volumes de ces composants. Ainsi, le symbole AzH^3 signifie que 2 volumes de gaz ammoniac ($22^l,3$) sont formés par la combinaison de 1 vol. d'azote ($11^l,15$) et de 3 vol. d'hydrogène ($3 \times 11^l,15$).

La plupart des éléments étant diatomiques, la remarque précédente trouve son utilité dans un grand nombre de calculs; mais la règle n'est plus exacte lorsque les composants n'ont pas la même atomicité. Ainsi, le phosphore étant tétratomique et sa molécule P^4 valant 2 volumes, la formule PH^3 indique que $\frac{1}{2}$ vol. de vapeur de phosphore se combine à 3 vol. d'hydrogène pour donner 2 vol. de phosphure PH^3.

Rappelons que l'arsenic est aussi tétratomique; le mercure, le zinc, le cadmium sont monoatomiques.

4° Le Tableau I donne les valeurs des poids atomiques (*) déterminées par la Commission internationale en 1904. Ces valeurs

(*) L'expression *masse atomique* serait plus exacte; nous emploierons indistinctement ces deux termes suivant qu'ils auront été indiqués dans l'énoncé du problème. Dans le même ordre d'idées, le mot *poids* signifiera toujours poids en grammes, à moins que le mot *dyne* ne soit spécifié.

exactes à 1/100 près ne servent que pour les travaux de précision; nous nous servirons, dans les calculs, des valeurs approchées, la plupart entières, à moins que la précision du problème n'exige des valeurs plus exactes.

Lois des chaleurs spécifiques.

Loi de Dulong et Petit. — Le produit du poids atomique A d'un corps simple par sa chaleur spécifique (mesurée pour le corps à l'état solide) est un nombre voisin de 6,4. Donc

$$A \times c = 6{,}4. \qquad \text{(Tableau I)}$$

Loi de Wœstyn. — Le produit de la chaleur spécifique C d'un composé par son poids moléculaire M est égal à la somme des produits des poids atomiques composants a, a', a'' par leurs chaleurs spécifiques, ces composants étant à l'état solide (Voir problème 52). Donc $MC = nac + n'a'c' + n''a''c''$ (dans cette formule n, n', n'' représentent les exposants des atomes).

Lois de Raoult (*).

1° Tonométrie. — Soient M le poids moléculaire en grammes d'une substance chimiquement pure, m le poids en grammes d'une certaine quantité de cette substance dissoute dans 100g d'un liquide, f, f' les forces élastiques des vapeurs avant et après la dissolution et pour la même température, A une constante relative au dissolvant ; on a

$$M = A \times \frac{fm}{f - f'}.$$

Valeurs de A :

Benzine	0,793	Eau	0,185
Éther	0,770	Alcool	0,465
Acétone	0,590	Acide acétique .	0,978

(*) Les solutions des acides, bases et sels qui sont de bons électrolytes n'obéissent pas aux lois de Raoult ; on peut pourtant tirer certaines conclusions de leurs solutions aqueuses. Voir Problèmes 47 et 48.

2° **Ébullioscopie.** — Soient Δ l'excès de température sur le point d'ébullition normal d'un liquide, B un coefficient propre au dissolvant, M la molécule-gramme, p la masse de la substance dissoute dans 100g de dissolvant ; on a la relation

$$\Delta = B \times \frac{p}{M}.$$

Valeurs de la *constante ébullioscopique* B :

Eau.	5,2	Alcool.	11,50
Benzine.	25	Acétone.	16,8
Éther.	21,5	Sulfure de carbone.	23,7

Remarque. — Si la masse du dissolvant n'est pas 100g mais Pg, la formule précédente devient

$$\Delta = B_1 \times \frac{p}{PM}$$

et la constante $B_1 = 100B$. La valeur B_1 correspondrait à l'excès de température produit par la dissolution de Mg de substance dans 1g de dissolvant ; on peut dire aussi que B_1 représente la masse de liquide dans laquelle il faut dissoudre la molécule-gramme M d'un corps pour produire un excès de température de 1° sur le point d'ébullition normal du dissolvant.

3° **Cryoscopie.** — Appelons Δ la différence de température entre le point de congélation ou de cristallisation d'un dissolvant pur et le point où se produit cette congélation quand on ajoute pg d'une substance dans 100g de dissolvant. Soient M la valeur de la molécule-gramme de la substance dissoute et k un coefficient propre au dissolvant ; on a la relation

$$\Delta = k \times \frac{p}{M}.$$

Valeurs de la *constante cryoscopique* k :

Eau	18,50	Benzine.	49
Acide acétique . .	39	Phénol	67,50
Acide formique. .	27,70	Nitrobenzine. . . .	70,7

Remarque. — Si la masse du dissolvant n'est pas 100g mais

P^g, la formule précédente devient

$$\Delta = k_1 \times \frac{p}{PM}$$

et $k_1 = 100k$. La valeur k_1, appelée *abaissement moléculaire*, serait l'abaissement produit par M^g de substance dissous dans 1^g de dissolvant; on peut dire aussi que k_1 représente la masse de liquide dans laquelle il faut dissoudre la molécule-gramme M d'un corps pour abaisser de 1° le point de congélation normal du dissolvant.

Pression osmotique (Loi de Van't Hoff).

Pour une substance donnée, la pression osmotique est proportionnelle : 1° au poids de substance contenu dans un volume déterminé de solution; 2° à la température absolue T de la solution $(T = t° + 273)$.

L'expérience ayant montré que si l'on dissout une *molécule-gramme* d'une substance solide dans $22^l,3$ de liquide à 0°, la pression osmotique est 1 atmosphère, cette loi peut servir à déterminer le poids moléculaire de cette substance. La dissolution peut d'ailleurs être un électrolyte, à condition que le dissolvant soit autre que l'eau.

En désignant par m la masse de solide dissous dans 1 litre, par M la molécule-gramme, par T et 273 les températures absolues, par H et 760^{mm} les pressions en hauteur de mercure, on aura

$$\frac{M}{22,3} = \frac{mT \times 760}{H \times 273}.$$ (Voir Probl. 49.)

PHÉNOMÈNES THERMIQUES DES RÉACTIONS

(TABLEAU III)

Premier Principe. — *La quantité de chaleur dégagée dans une réaction mesure la somme des travaux tant physiques que chimiques accomplis dans la réaction.*

Exemple. — La chaleur dégagée (*) par la synthèse de l'acide chlorhydrique en présence d'une petite quantité d'eau, soit 39^{C},3, est égale à la somme de la *chaleur de formation* de l'acide chlorhydrique gazeux (22^{C}) à partir des éléments $H + Cl$, et de la *chaleur de dissolution* du gaz chlorhydrique dans l'eau (17^{C},3).

Deuxième Principe. — *La quantité de chaleur dégagée dans un système qui subit des modifications successives, soit sous pression constante, soit sous volume constant, ne dépend que de l'état initial et de l'état final du système.*

Exemple. — On peut obtenir le gaz carbonique, soit directement en brûlant le carbone dans l'oxygène, $C + O^2 = CO^2$; soit en produisant d'abord l'oxyde de carbone, $C + O = CO$, et en brûlant celui-ci dans l'oxygène, $CO + O = CO^2$. On aura alors

$$C + O = CO + q \text{ Cal.}$$
$$CO + O = CO^2 + q' \text{ Cal.}$$
$$C + O^2 = CO^2 + Q \text{ Cal.}$$

(*) Ces quantités de chaleur s'expriment généralement en grandes Calories.

et, d'après le principe énoncé ci-dessus,

$$Q = q + q'.$$

Corollaire I. — *Si une réaction dégage q calories, la réaction inverse dégage —q calories.*

Exemple. — La chaleur de formation de l'eau liquide est 69 Calories; inversement, l'énergie absorbée dans l'électrolyse de la molécule-gramme ($H^2O = 18^g$) est celle de 69 Calories.

Corollaire II. — Étant données l'équation d'une réaction et la chaleur Q dégagée dans cette réaction, *cette quantité de chaleur Q est l'excès de la somme Q_2 des chaleurs de formation des corps figurant dans le second membre sur la somme Q_1 des chaleurs de formation des corps figurant dans le premier membre :*

$$Q = Q_2 - Q_1.$$

Cette formule est d'un usage fréquent dans les problèmes. Appliquons-la à un exemple : Si l'on brûle le méthane dans la bombe calorimétrique, on obtient du gaz carbonique, de l'eau, et il se dégage $213^c,5$, d'après l'équation

$$CH^4 + 4O = \underset{\text{gaz.}}{CO^2} + \underset{\text{liq.}}{2H^2O} + 213^c,5.$$

On peut donc écrire

$$213,5 = \left\{ \begin{array}{l} \text{Chaleur de formation de } CO^2 + \text{Chaleur de formation} \\ \text{de } 2H^2O \text{ liquide} - \text{Chaleur de formation de } CH^4. \end{array} \right.$$

ÉLECTROLYSE

1° **Substitution des métaux dans les sels.** — Les poids des métaux qui se remplacent dans une solution saline de l'un d'eux sont proportionnels aux équivalents de ces métaux, c'est-à-dire au quotient du poids atomique par la valence. (Cet équivalent exprimé en grammes s'appelle aussi *valence-gramme*).

Ainsi,

$$Ag = 108, \quad \frac{1}{2}\ Cu = 32{,}7, \quad \frac{1}{2}\ Hg = 100, \quad \frac{1}{2}\ Fe = 28.$$

Ces poids sont justement ceux qui pourraient remplacer 1^g d'hydrogène dans un acide quelconque.

2° **Loi de Faraday.** — Un coulomb traversant différents électrolytes met en liberté $\frac{1}{96600}$ gramme d'hydrogène ou d'équivalent-gramme de métal dans chacun d'eux

---

QUELQUES DONNÉES RELATIVES A L'ANALYSE QUALITATIVE. — RÉACTIFS ET LIQUEURS TITRÉES

Liqueurs normales acides et basiques
(acidimétrie, alcalimétrie).

Les poids des acides et des bases susceptibles de se neutraliser réciproquement se déduisent des égalités relatives aux formations des sels par l'action de l'acide sur la base; voici quelques-uns de ces poids :

Acides.			*Bases.*		
Acide chlorhydrique.	HCl	36,5	Soude	$NaOH$	40
— azotique	AzO^3H	63	Potasse	KOH	56
— sulfurique	$\frac{1}{2} SO^4H^2$	49	Ammoniaque.	AzH^4OH	35
— oxalique	$\frac{1}{2} C^2O^4H^2$	45	Baryte	$\frac{1}{2} Ba(OH)^2$	85,5
— acétique	$C^2O^2H^4$	60	Chaux	$\frac{1}{2} Ca(OH)^2$	37
— phosphorique	$\frac{1}{3} PO^4H^3$	32,66			

On appelle *liqueur normale* acide ou basique toute dissolution telle que 1 litre de liqueur renferme un poids d'acide ou de base, évalué en grammes, égal au poids indiqué dans ce tableau pour cet acide ou pour cette base; chaque centimètre cube de solution normale d'acide neutralise 1^{cm^3} de solution normale de base.

Indicateurs de neutralité :

Tournesol (en solution violacée) vire . . . . { au bleu sous l'action des alcalis ; au rouge sous l'action des acides.

Phtaléine du phénol (incolore).	vire au rouge sous l'action des alcalis ; redevient incolore en liqueur acide ou neutre.
Hélianthine (méthyl-orange, jaune).	vire au rouge avec les acides *forts ;* redevient jaune en liqueur alcaline ou neutre.

Liqueurs normales de permanganate et de bichromate de potassium (*analyse par oxydation*).

1° Permanganate de potassium (*caméléon minéral,* MnO^4K). — L'action du caméléon en milieu acide est résumée dans l'équation

$$\underset{(2\times158)}{2MnO^4K} + 3SO^4H^2 = SO^4K^2 + 2SO^4Mn + 3H^2O + \underset{(80)}{5O};$$

ainsi la molécule (158g) de permanganate peut fournir $\frac{5}{2}$ atomes (40g) d'oxygène, et $\frac{1}{5}$ de molécule fournira $\frac{1}{2}$ atome (8g) d'oxygène.

La *liqueur normale de caméléon* renferme $\frac{158}{5} = 31^g,6$ de permanganate par litre; un litre de cette liqueur oxyde 1 molécule de sel ferreux et fait passer celui-ci à l'état de sel ferrique, car

$$10SO^4Fe + 2MnO^4K + 8SO^4H^2$$
$$= 5(SO^4)^3Fe^2 + 2SO^4Mn + SO^4K^2 + 8H^2O,$$

et 2 molécules de MnO^4K oxydant 10 molécules SO^4Fe, $\frac{1}{5}$ de MnO^4K oxydera SO^4Fe. Il n'est pas besoin d'indicateur interne, car le terme de la réaction est indiqué par la décoloration du caméléon.

2° Bichromate de potassium, $Cr^2O^7K^2$. — En milieu acide, le bichromate cède 3 atomes d'oxygène :

$$\underset{(274)}{Cr^2O^7K^2} + 4SO^4H^2 = (SO^4)^3Cr^2 + SO^4K^2 + 4H^2O + \underset{(48)}{3O}.$$

Par analogie avec la solution permanganique, la *liqueur normale de bichromate* contient $\frac{1}{6}$ de molécule, soit 45g,6 de bichromate par litre (*) ; la solution *décinormale* (4g,56 par litre) est plus employée. L'indicateur *externe* est le ferricyanure ; on cherche la fin de l'oxydation par touche à la baguette de verre jusqu'à ce qu'on n'obtienne plus de coloration bleue.

Liqueur normale arsénieuse (*analyse par réduction*).

Anhydride arsénieux. — L'anhydride arsénieux en solution chlorhydrique agit comme réducteur en s'oxydant pour passer à l'état d'acide arsénique.

Prenons, comme exemple, les solutions de chlore ; nous aurons

$$\underset{(198)}{As^2O^3} + 5H^2O + \underset{(142)}{4Cl} = 2AsO^4H^3 + 4HCl.$$

Donc, 4 atomes de chlore oxydent indirectement une molécule de As^2O^3 ; 1 atome de chlore oxydera $\frac{1}{4}$ de molécule ; c'est pourquoi la *liqueur normale arsénieuse* devrait renfermer $\frac{198}{4}$ = 49g,50 d'anhydride par litre. Mais comme ce corps est peu soluble, on prépare la solution *décinormale* dont chaque cm³ correspond à 0g,00355 de chlore et à 0g,008 de brome.

La *liqueur chlorométrique* de Gay-Lussac est telle qu'un litre de chlore dissous (soit 3g,17, masse du litre) oxyde un litre de cette liqueur ; elle contient donc par litre

---

(*) La réaction

$$Cr^2O^7K^2 + 6SO^4Fe + 7SO^4H^2 = 3(SO^4)^3Fe^2 + SO^4K^2 + (SO^4)^3Cr^2 + 7H^2O$$

montre en effet qu'une molécule de bichromate transforme 6 molécules de sulfate ferreux.

$$\frac{198 \times 3,17}{142} = 4^{g},42 \text{ de } As^2O^3$$

et chaque cm³ de liqueur correspond à 1^{cm^3} de chlore gazeux dissous dans un volume quelconque d'eau.

L'indicateur colorant est généralement le sulfate d'indigo, dont la teinte bleue disparaît lorsque l'oxydation est complète.

Liqueur normale d'iode.

La solution d'iode sert à doser l'acide sulfureux, les sulfites, l'hydrogène sulfuré et un grand nombre de matières organiques, comme l'indiquent les réactions

$$2I + 2H^2O + SO^2 = 2HI + SO^4H^2,$$
$$2I + H^2S = 2HI + S,$$
$$2I + KCAz = KI + ICAz.$$

La liqueur employée est généralement la solution *décinormale* contenant par litre $\frac{127}{10}$ grammes d'iode dissous dans une solution aqueuse d'iodure de potassium.

L'indicateur colorant est l'empois d'amidon, dont la coloration bleue disparaît quand tout l'iode a passé à l'état d'acide iodhydrique ou d'iodure.

Liqueur normale d'hyposulfite de sodium.

Inversement, l'acide iodhydrique et les iodures alcalins peuvent régénérer l'iode en présence d'un oxydant, chlore, brome, sels ferriques, etc., d'après les réactions

$$KI + Cl = KCl + I,$$
$$HI + FeCl^3 = FeCl^2 + HCl + I,$$
$$6HI + 2CrO^3 = Cr^2O^3 + 3H^2O + 6I.$$

Le dosage de l'iode se fait à l'aide de la liqueur *décinormale* d'hyposulfite de sodium ($S^2O^3Na^2 + 5H^2O = 248^{g}$) contenant

24g,8 par litre. 1 molécule d'iode I^2 transforme 1 molécule d'hyposulfite en tétrathionate sodique :

$$I^2 + 2S^2O^3Na^2 = 2NaI + S^4O^6Na^2\,;$$

chaque cm³ de l'une des solutions équivaut donc à 1 cm³ de l'autre.

L'indicateur est l'empois d'amidon, qui bleuit dès que l'iode apparait.

Liqueur argentique normale (*analyse par précipitation*).

Toute solution neutre de chlorure, additionnée d'une solution neutre d'azotate d'argent, donne un précipité de chlorure d'argent dont le poids servira à doser le chlorure.

Les réactions

$$M'Cl + AzO^3Ag = AgCl + AzO^3M',$$
$$M''Cl^2 + 2AzO^3Ag = 2AgCl + (AzO^3)^2M'',$$

indiquent qu'un atome-gramme ou 35g,5 de chlore nécessite une molécule-gramme (170g) d'azotate d'argent pour être transformé en chlorure d'argent insoluble.

La liqueur employée est *décinormale*, c'est-à-dire qu'elle renferme 17g d'azotate par litre. Chaque cm³ de cette solution correspond à 0g,00355 de chlore.

PREMIÈRE PARTIE

PROBLÈMES RÉSOLUS

CHAPITRE PREMIER

COMBINAISONS DES CORPS. — ÉQUATIONS CHIMIQUES

---

1. *On sait qu'en traitant le bioxyde de manganèse* MnO^2 *par l'acide chlorhydrique* HCl, *on obtient du chlore, du chlorure de manganèse* $MnCl^2$ *et de l'eau* H^2O. *Établir l'équation de la réaction.*

L'énoncé du problème donne l'égalité

$$x.MnO^2 + y.HCl = z.Cl + t.MnCl^2 + v.H^2O.$$

On a donc pour le manganèse . . . . $x = t,$
— l'oxygène . . . . $2x = v,$
— l'hydrogène . . . . $y = 2v,$
— le chlore . . . . $y = z + 2t,$

et par suite 4 équations pour 5 inconnues.

Mais nous pouvons donner à l'inconnue x, par exemple, la valeur 1, ce qui permet de déduire immédiatement les valeurs des autres inconnues :

$$x = t = 1,$$
$$v = 2x = 2,$$
$$y = 2v = 4,$$
$$z = y - 2t = 2.$$

L'équation de la réaction est donc

$$MnO^2 + 4HCl = MnCl^2 + 2H^2O + 2Cl.$$

2. *Combien faudra-t-il décomposer de chlorate de potassium pour obtenir 100 litres d'oxygène mesurés sur la cuve à eau à la pression 754mm et à la température de 20° ?*

Poids atomiques : Cl = 35,5; O = 16; K = 39.

Force élastique maximum de la vapeur d'eau à 20°, 17mm,4.

Coefficient de dilatation des gaz, $\alpha = 0,00367$.

Le poids du litre d'oxygène n'étant pas donné, nous le calculerons par la formule

$$m = \frac{16 \times 2}{22,3} = 1,43.$$

Le poids en grammes de 100 litres, pris dans les conditions de l'expérience, sera

$$M = \frac{100 \times 1,43 \times (754 - 17,4)}{760 (1 + 20 \times 0,00367)} = 129^{g},7.$$

Or l'équation

$$\underset{(122,5)}{ClO^3K} = KCl + \underset{(48)}{O^3}$$

montre que, pour obtenir 48g d'oxygène, il faut décomposer 122g,5 de chlorate de potassium; donc, pour obtenir 129g,7 d'oxygène, il faudra décomposer

$$\frac{122,5 \times 129,7}{48} = 331^{g} \text{ de chlorate.}$$

3. *Combien peut-on produire de litres d'oxygène mesurés à 0° et à la pression 76cm, avec 100 grammes de chlorate de potassium?*

Poids atomiques : Cl = 35,5; O = 16; K = 39.

L'équation de la décomposition du chlorate par la chaleur est

$$ClO^3K = KCl + O^3.$$

En remplaçant chaque symbole par son poids atomique, l'égalité montre que 122,5 de chlorate de potassium donnent 74,5 de chlorure de potassium + 48 d'oxygène.

Puisque $122^g,5$ de sel donnent 48^g d'oxygène, 100 grammes de sel donneront

$$\frac{48 \times 100}{122,5} = 39^g \text{ environ.}$$

Ces 39 grammes représentent $\frac{39}{a}$ litres d'oxygène à 0° et à la pression normale 76^{cm}. La valeur de a, masse du litre d'oxygène, n'est pas donnée, mais elle peut se déduire du poids moléculaire m du gaz. On sait que, d'une façon générale,

$$a = \frac{m}{22,3},$$

et, comme l'oxygène est *diatomique*, son poids moléculaire m est 2×16, soit 32 ; donc

$$a = \frac{32}{22,3} = 1,43 \text{ environ.}$$

Le nombre de litres cherché est approximativement $\frac{39}{1,43}$, soit 27 litres.

4. *Quel est le volume du mélange d'hydrogène et d'oxygène qui résulterait de la décomposition de* 10^g *d'eau par la pile?*

La molécule-gramme H^2O pèse 18 grammes. Ces 18^g renferment 2 grammes d'hydrogène, soit $22^l,3$ de ce gaz, et 16 grammes, soit $\frac{22^l,3}{2}$ d'oxygène.

Donc 18^g d'eau donnent, par leur décomposition, $22^l,3 + 11^l,15$ ou $33^l,45$ de mélange gazeux. Par suite, 10^g donneront

$$\frac{10}{18} \times 33,45 = 18^l,6.$$

5. *On fait passer* 1^{m^3} *d'air pris à* $15°$ *et à la pression* 750^{mm} *sur du cuivre chauffé au rouge. On demande le poids d'oxyde de cuivre formé. Densité de l'oxygène,* 1,1056.

Poids atomiques : Cu = 64 ; O = 16.

Le volume d'oxygène contenu dans 1000 litres d'air est de 210 litres; sa masse m à la température et à la pression données est

$$m = \frac{210 \times 1,1056 \times 1,293 \times 75}{76\left(1 + \frac{15}{273}\right)} = 281^g.$$

D'autre part, la réaction

$$\underset{(64)}{Cu} + \underset{(16)}{O} = \underset{(80)}{CuO}$$

montre que 16^g d'oxygène peuvent produire 80^g d'oxyde de cuivre. Donc 281^g en produiront

$$\frac{80 \times 281}{16} = 1405^g.$$

6. *On veut produire par 24 heures* 10^{m^3} *d'hydrogène mesurés à la température* $0°$ *et à la pression de* 760^{mm}, *par l'électrolyse de l'eau acidulée (on ne tiendra pas compte des actions secondaires); à la distance des électrodes, la résistance du bain est* $0^{ohm},005$. *On demande quelle devra être l'intensité du courant? Quelle sera la différence de potentiel aux bornes de l'électrolyte?*

Poids atomiques : H = 1; O = 16.

Densité de l'hydrogène, 0,0692.

Équivalent électrochimique de l'eau, $0^{mg},09328$.

La masse de 10^{m^3} d'hydrogène à $0°$ et à 760^{mm} est

$$10000 \times 1,293 \times 0,0692 \text{ grammes.}$$

Or, la formule de l'eau H^2O montre que 18 grammes d'eau fournissent par électrolyse 2^g d'hydrogène; en d'autres termes, la masse d'eau à décomposer vaut 9 fois celle de l'hydrogène, soit

$$10000 \times 1,293 \times 0,0692 \times 9 \text{ grammes.}$$

Cette masse est décomposée en 24 heures, ce qui correspond à

$$\frac{10000 \times 1,293 \times 0,0692 \times 9}{60 \times 60 \times 24} = 93^{mg},20 \text{ par seconde.}$$

Or, d'après l'énoncé, 1 coulomb décompose $0^{mg},09328$ d'eau; par suite, l'intensité du courant nécessaire pour décomposer $93^{mg},20$ par seconde sera

$$I = \frac{93,20}{0,09328} = 1000 \text{ ampères.}$$

La différence de potentiel demandée sera donnée par la formule d'Ohm $I = \frac{e}{r}$, d'où l'on tire

$$e = 1000 \times 0,005 = 5 \text{ volts.}$$

7. *Dans une éprouvette graduée, placée sur une cuve à eau, on introduit de l'air qui occupe une hauteur de 25^{cm}, à la température de l'eau 15° et à la pression extérieure 750^{mm}, le niveau de l'eau étant le même dans la cuve et dans l'éprouvette. On absorbe l'oxygène à l'aide du phosphore. Quelle sera alors la hauteur du gaz restant, la température et la pression restant constantes pendant l'expérience?*

Tension maximum de la vapeur d'eau à 15°, $F = 12^{mm},6$. *On prendra pour rapport des densités de l'eau et du mercure* $\frac{d}{D} = \frac{1}{13,6}$ *et on considérera comme invariable le niveau de l'eau dans la cuve.*

Soit s la section de l'éprouvette. Le volume d'air $25\,s$ à la pression $750 - 12,6$ ou $737^{mm},4$ renferme $0,79 \times 25\,s$ d'azote et $0,21 \times 25\,s$ d'oxygène, tous deux mesurés à la même pression et à la même température.

L'oxygène étant absorbé, il ne reste plus que de l'azote saturé de vapeur d'eau. Soit x^{cm} l'élévation de l'eau dans l'éprouvette.

Le gaz restant occupera un volume $(25 - x)s$ à 15° et sous la pression $737,4 - \frac{x}{13,6}$.

Appliquons la loi de Mariotte à l'azote :

$$0,79 \times 25s \times 737,4 = (25 - x)s\left(737,4 - \frac{x}{13,6}\right),$$

d'où l'équation

$$x^2 - 10056x + 52797 = 0.$$

La plus petite racine, inférieure à 25cm, est seule acceptable ; elle a pour valeur $x = 3^{cm},7$.

8. *Quel poids de minerai de manganèse renfermant* 38,6 % *de bioxyde et quel poids d'une solution d'acide chlorhydrique faut-il employer pour préparer* 50 *litres de chlore, sachant que la solution chlorhydrique renferme* 24,78 % *d'acide ?*

Poids atomiques : Mn = 55; O = 16; Cl = 35,5.

L'équation correspondant à cette préparation du chlore est

$$\underset{(87)}{MnO^2} + \underset{(146)}{4HCl} = MnCl^2 + 2H^2O + \underset{(71)}{Cl^2} ;$$

par suite, en opérant sur les molécules-grammes et en remarquant que 71g de chlore occupent un volume de 22l,3, on a :

Poids m de bioxyde MnO^2 nécessaire à la préparation de 50 litres de chlore

$$m = \frac{87 \times 50}{22,3} = 195^g ;$$

Poids x de minerai renfermant 195g de bioxyde MnO^2

$$x = \frac{100 \times 195}{38,6} = 505^g ;$$

Poids m' d'acide chlorhydrique HCl

$$m' = \frac{146 \times 50}{22,3} = 327^g ;$$

Poids y de solution chlorhydrique

$$y = \frac{100 \times 327}{24,78} = 1\,320^{g} \text{ environ.}$$

9. *Sur 40ᵍ de carbonate de calcium placés dans un flacon à moitié rempli d'eau, on verse un excès d'acide chlorhydrique de manière à obtenir la décomposition complète du carbonate. On demande quel sera le volume de gaz carbonique mis en liberté, le gaz étant mesuré à 20° et à la pression 750ᵐᵐ.*

Poids atomiques : C = 12; Ca = 40; O = 16.

L'équation

$$\underset{(100)}{CO^3Ca} + 2HCl = CaCl^2 + H^2O + \underset{(44)}{CO^2}$$

montre que 100ᵍ de carbonate produisent 44ᵍ d'anhydride. Or la molécule-gramme 44 de ce gaz représente un volume de $22^l,3$ à 0° et à la pression 760ᵐᵐ; on en conclut que 40ᵍ de carbonate donneront dans les mêmes conditions

$$\frac{40 \times 22,3}{100} = 8^l,92.$$

Ces $8^l,92$ occupent à 20° et à la pression 750ᵐᵐ un volume V donné par la relation des gaz parfaits

$$\frac{V \times 750}{1 + 0,00367 \times 20} = 8,92 \times 760,$$

d'où

$$V = 9^l,7 \text{ environ.}$$

10. *On traite par un excès d'eau le produit de l'action d'un excès de chlore sec sur 20ᵍ,66 de phosphore ordinaire. Le liquide est évaporé à sec et le résidu est calciné légèrement jusqu'à poids constant. On demande le poids du résidu de cette évaporation et sa nature.*

Poids atomiques : H = 1; O = 16; P = 31; Cl = 35,5.

Le phosphore mis en présence d'un excès de chlore se transforme en pentachlorure de phosphore, PCl^5, dont le poids moléculaire est $31 + 35,5 \times 5 = 208,5$.

Le poids de chlorure produit par 20g,66 sera

$$\frac{208,5 \times 20,66}{31} = 138^g,955.$$

Quand l'eau agit sur le pentachlorure de phosphore, il se forme de l'acide orthophosphorique et de l'acide chlorhydrique d'après la réaction

$$\underset{(208,5)}{PCl^5} + 4H^2O = \underset{(98)}{PO^4H^3} + 5HCl.$$

Sous l'action de la chaleur, l'acide orthophosphorique PO^4H^3 est transformé en acide métaphosphorique par la perte d'une molécule d'eau :

$$\underset{(98)}{PO^4H^3} = \underset{(80)}{PO^3H} + H^2O.$$

Le poids de ce dernier acide est

$$\frac{80 \times 138,955}{208,5} = 53^g,30.$$

11. *On fait absorber du chlore à 27g de phosphore pour faire du perchlorure* PCl^5. *Quelle est la quantité de chlore nécessaire? Combien faut-il d'eau pour convertir le perchlorure en acide phosphorique normal* PO^4H^3? *Écrire l'équation.*

Poids atomiques : $H = 1$; $Cl = 35,5$; $P = 31$; $O = 16$.

(*École de Physique et de Chimie industrielles de Paris.*)

a) Le poids moléculaire du perchlorure de phosphore a pour valeur

$$31 + 35,5 \times 5 = 208,5.$$

Ainsi 31g de phosphore se combinent à $35,5 \times 5$ ou 177g,5 de chlore, et 27g de phosphore se combineront à

$$\frac{177,5 \times 27}{31} = 154^g,6$$

de chlore pour former 154,6 + 27 ou 181g,6 de perchlorure.

b) Le perchlorure de phosphore décompose l'eau d'après l'équation

$$\underset{(208,5)}{PCl^5} + \underset{(72)}{4H^2O} = \underset{(98)}{PO^4H^3} + 5HCl,$$

qui montre que, pour convertir 208g,5 de perchlorure en acide orthophosphorique, il faut 72g d'eau.

Un poids de 181g,6 de perchlorure exigera

$$\frac{72 \times 181,6}{208,5} = 62^g,7 \text{ d'eau},$$

et le poids d'acide phosphorique formé sera les $\frac{27}{31}$ du poids moléculaire de PO^4H^3, c'est-à-dire

$$\frac{98 \times 27}{31} = 85^g,35.$$

12. *On traite par un excès d'oxygène 25g,333 de sulfure de carbone. Les produits de la combustion sont dirigés à travers une solution de potasse caustique concentrée, employée en excès. On demande quelle sera l'augmentation de poids éprouvée par cette solution.*

Poids atomiques : C = 12; S = 32; O = 16.

Lorsque l'oxygène est en excès, la combustion est complète et il se forme du gaz carbonique et du gaz sulfureux, ainsi que l'indique l'équation

$$\underset{(76)}{CS^2} + \underset{(96)}{O^6} = \underset{(44)}{CO^2} + \underset{(128)}{2SO^2}.$$

Or tous les produits étant absorbables par la potasse, l'augmentation résulte de l'addition de leurs poids à la solution; et puisque 76g de sulfure de carbone produisent 44 + 128 ou 172g de gaz absorbables, 25g,333 de sulfure en produiront

$$\frac{172 \times 25,333}{76} = 57^g,332.$$

L'augmentation de poids éprouvée par la solution est donc de 57g,332.

13. *On chauffe 100g de charbon pur en présence d'un excès d'acide sulfurique concentré jusqu'à ce que le charbon ait complètement disparu. Quelle est la composition du mélange gazeux qui se dégage ? Quels sont les poids des composés formés ?*

Si le charbon était remplacé par un même poids de mercure, quelle serait la réaction ?

Dans ce dernier cas, on supposera que le produit gazeux mélangé avec un excès d'oxygène passe sur une éponge de platine légèrement chauffée. Dans l'hypothèse où l'oxydation serait complète, quel serait le poids du composé formé ?

Poids atomiques : C = 12 ; Hg = 200 ; S = 32 ; O = 16.

1° Le mélange gazeux obtenu dans le premier cas est formé de vapeur d'eau, d'anhydride sulfureux et d'anhydride carbonique, d'après la réaction

$$\underset{(196)}{2SO^4H^2} + \underset{(12)}{C} = \underset{(128)}{2SO^2} + \underset{(44)}{CO^2} + \underset{(36)}{2H^2O},$$

d'où il résulte qu'avec 12 grammes de charbon on obtient

128g de gaz sulfureux,
44g de gaz carbonique,
36g de vapeur d'eau ;

avec 100g de charbon on obtiendra

$$\frac{128 \times 100}{12} = 1\,066^g,66 \text{ de gaz sulfureux},$$

$$\frac{44 \times 100}{12} = 366^g,66 \text{ de gaz carbonique},$$

$$\frac{36 \times 100}{12} = 300^g \text{ de vapeur d'eau}.$$

2° Quand on remplace le charbon par le mercure, on obtient un mélange d'anhydride sulfureux et d'eau d'après l'équation

$$2SO^4H^2 + \underset{(200)}{Hg} = SO^4Hg + \underset{(64)}{SO^2} + \underset{(36)}{2H^2O},$$

qui montre que pour 100g de mercure on obtient 32g de gaz sulfureux et 18g d'eau.

Or l'anhydride sulfureux passant sur la mousse de platine

donne de l'anhydride sulfurique et, si l'on suppose l'oxydation complète, on a la réaction

$$\underset{(64)}{SO^2} + \underset{(16)}{O} = \underset{(80)}{SO^3}.$$

Donc les 32 grammes d'anhydride sulfureux de la 2e réaction peuvent fournir 40g d'anhydride sulfurique.

14. *Une cavité de volume négligeable, creusée dans le fond d'un corps de pompe, contient 50g de carbonate de calcium et une ampoule renfermant un excès d'acide sulfurique. Le piston, dont le poids est 5kg et la surface 1dm², est d'abord appliqué sur le fond du corps de pompe, mais, par un choc, l'ampoule est brisée et l'acide réagit sur le carbonate; on demande à quelle hauteur le piston sera soulevé; la température extérieure est de 20°, et la pression atmosphérique de 760mm (négliger les frottements).*

Poids atomiques : C = 12; O = 16; Ca = 40.

Coefficient de dilatation des gaz, $\alpha = \frac{1}{273}$.

Densité de l'hydrogène par rapport à l'air, 0,07.

Le poids du litre d'air à 0° et à 760mm est 1g,3.

(*Bacc. moderne, Clermont.*)

De l'équation

$$\underset{(100)}{CO^3Ca} + SO^4H^2 = \underset{(44)}{CO^2} + H^2O + SO^4Ca,$$

on déduit que 100g de carbonate de calcium donneront 44g d'anhydride carbonique.

Le poids moléculaire de ce gaz étant 44, sa densité par rapport à l'hydrogène est $\frac{44}{2}$ et par rapport à l'air $\frac{44}{2} \times 0,07$; par suite, le volume du gaz produit, ramené à 0° et à la pression 760mm, sera

$$\frac{22}{22 \times 0,07 \times 1,3} = 11^l \text{ environ.}$$

Or, le gaz carbonique est soumis dans le corps de pompe à

une pression qui est la pression atmosphérique augmentée du poids du piston ; ce dernier exerce la même pression qu'une colonne de mercure de h centimètres, donnée par la relation

$$\frac{5000}{100} = h \times 13,6,$$

d'où $$h = 3^{cm},67 ;$$

ce qui donne, pour la valeur f de la force élastique du gaz,

$$f = 760 + 36,7 = 796^{mm},7.$$

Le volume V s'obtiendra par la relation des gaz parfaits

$$11 \times 760 = \frac{V \times 796,7}{1 + \frac{20}{273}},$$

d'où $$V = 11^{l},25.$$

Comme la section du corps de pompe est de 1^{dm^2}, le piston sera soulevé à $11^{dm},25$ ou $1^{m},125$.

15. *Dans une chambre de plomb renfermant de l'eau et 100^{m^3} d'air, on introduit 1^{m^3} de bioxyde d'azote qui se transforme en acide azotique. La pression initiale étant de 76^{cm}, que devient-elle après la transformation du bioxyde ?*

Poids atomiques : Az = 14 ; O = 16.

Densité du bioxyde d'azote, 1,04.

(Agrégation de l'enseign. sec. des jeunes filles).

L'équation de la réaction est la suivante :

$$\underset{4\ vol.}{2AzO} + \underset{3\ vol.}{3O} + H^2O = 2AzO^3H.$$

Elle montre que 4 volumes de bioxyde exigent 3 volumes d'oxygène pour se transformer en acide azotique ; par suite, le mètre cube de bioxyde introduit absorbe 750 litres d'oxygène, les deux gaz étant pris à la même pression 76^{cm}.

Il est de toute évidence que 100^{m^3} d'air renferment plus de 750 litres d'oxygène ; le volume de gaz restant est donc

$$100^{m^3} - 0^{m^3},750 = 99^{m^3},250,$$

mesurés à la pression 76^{cm}.

La loi de Mariotte permet de calculer la pression x de cette même masse de gaz quand elle occupe le volume 100^{m^3} ; on a

$$99,25 \times 76 = 100x,$$

d'où

$$x = 75^{cm},43.$$

Remarque. — Le problème aurait pu être traité en se servant des poids atomiques donnés dans l'énoncé pour trouver les poids de gaz combinés ; mais cette méthode est beaucoup moins simple et moins rapide que la précédente.

16. *On fait passer un courant de chlore : 1° dans une dissolution étendue et froide de potasse caustique ; 2° dans une dissolution concentrée et chaude de la même base.*

Quel est le rapport des volumes de chlore qui, dans ces deux expériences, produiraient un même poids de chlorure de potassium ?

La solution chaude et concentrée ayant été saturée par 10^{l} de chlore mesurés à 0° et à la pression 76^{cm}, on l'évapore jusqu'à siccité et on calcine la masse solide ainsi obtenue. Quel sera le volume de gaz qui se dégagera et quel sera le poids du résidu solide ?

Poids atomique, K = 39.

Densité de l'hydrogène, 0,0695 ; *du chlore,* 2,47.

(Concours général de Seconde moderne.)

Dans la solution étendue et froide d'alcali s'opère la réaction indiquée par l'équation

$$2KOH + 2Cl = ClOK + KCl + H^2O$$

et, dans la solution concentrée et chaude,

$$6KOH + 6Cl = ClO^3K + 5KCl + 3H^2O.$$

a) La première équation indique que 2 volumes de chlore donnent une molécule de chlorure KCl ; la seconde montre que

6 volumes de chlore produisent 5 molécules du même chlorure; le volume de chlore de la première réaction qui donnerait le même poids moléculaire de chlorure de potassium, 5KCl, que la seconde, sera donc 10Cl et le rapport cherché sera $\frac{10}{6}$ ou $\frac{5}{3}$.

b) L'évaporation jusqu'à siccité chasse l'eau, et il ne reste plus pour résultat de la seconde réaction qu'un résidu solide de chlorure et de chlorate de potassium.

La calcination décompose le chlorate en oxygène et en chlorure d'après l'équation

$$ClO^3K = KCl + O^3.$$

Donc, en définitive, le poids de gaz produit par 6Cl est O^3 et le poids de chlorure de potassium est

$$5KCl + KCl = 6KCl\,;$$

le volume d'oxygène est la moitié de celui du chlore employé, c'est-à-dire, en se reportant à l'énoncé, $\frac{10}{2}$ ou 5 litres.

c) Le poids atomique du chlore est

$$\frac{2,47}{0,0695} = 35,5$$

et, puisque 6Cl produisent 6KCl, un poids 35,5 de chlore Cl produit 35,5 + 39 ou 74,5 de chlorure de potassium KCl.

D'autre part 10 litres de chlore pèsent

$$10 \times 1,293 \times 2,47 = 31^g,94\,;$$

par suite, le poids de chlorure de potassium sera

$$\frac{74,5 \times 31,94}{35,5} = 67^g \text{ environ.}$$

Remarque. — On aurait pu trouver la solution de cette troisième partie du problème en partant des volumes. On sait que la molécule d'un gaz représente $22^l,3$ de ce gaz; donc Cl^2 représente $22^l,3$ et Cl représente $11^l,15$. Et comme $11^l,15$ de chlore produisent $74^g,5$ de chlorure de potassium, les

10 litres employés produiront $\frac{74,5 \times 10}{11,15} = 67^g$, nombre trouvé ci-dessus.

17. *Combien de litres d'acétylène peut fournir théoriquement un kilogramme de carbure de calcium par sa décomposition en présence de l'eau ?*

Poids atomiques : Ca = 40 ; C = 12 ; O = 16 ; H = 1.

L'équation

$$\underset{(64)}{C^2Ca} + \underset{(36)}{2H^2O} = Ca(OH)^2 + \underset{(26)}{C^2H^2}$$

montre que la molécule-gramme de carbure de calcium, 64 grammes, produit 26^g ou $22^l,3$ d'acétylène ; par suite un kilogramme de carbure donnera

$$\frac{22,3 \times 1000}{64} = 348^l \text{ environ d'acétylène.}$$

18. *On a une dissolution renfermant du gaz sulfureux et du chlorure de baryum. On y verse 100^{cm^3} d'eau de chlore et l'on sait que tout le chlore entre en réaction ; il se forme 1^g de sulfate de baryum. Quelles réactions se produiront ? Quelle est la richesse de la solution de chlore ? Quelle est la quantité d'acide chlorhydrique formée dans la réaction ?*

Poids atomiques : Cl = 35,5 ; S = 32 ; O = 16 ; Ba = 137.

Densité de l'hydrogène, 0,07.

Poids du litre d'air, $1^g,3$.

(*Nancy.*)

1° Réaction du chlore sur l'anhydride SO^2 en présence de H^2O :

$$SO^2 + 2Cl + 2H^2O = SO^4H^2 + 2HCl. \qquad (1)$$

Réaction de l'acide SO^4H^2 sur le chlorure $BaCl^2$:

$$SO^4H^2 + BaCl^2 = SO^4Ba + 2HCl. \qquad (2)$$

En définitive, on obtient une molécule SO^4Ba et 4 molécules HCl.

2° De l'examen des réactions (1) et (2), il résulte que 71^g ou $22^l,3$ de chlore donnent une molécule-gramme ou 233^g de sulfate

SO^4Ba ; donc 1g de ce sulfate proviendra de $\frac{22,3}{233}$, soit 96^{cm^3} de chlore; et comme on a employé 100^{cm^3} de solution, sa richesse en chlore est 96 %.

3° Le poids d'acide chlorhydrique ($4HCl = 36,5 \times 4 = 146$) sera

$$\frac{146}{233} = 0^g,627 \text{ environ.}$$

19. *Quel est le poids de chlorure de sodium nécessaire pour précipiter l'argent d'une pièce de 1 franc à l'état de chlorure d'argent ?*

Poids atomiques : Ag = 108 ; Na = 23 ; Cl = 35,5.

La pièce de 1fr au titre de 0,835 renferme

$$0,835 \times 5 = 4^g,175 \text{ d'argent pur.}$$

Le métal traité par l'acide azotique sera converti en azotate d'argent et la solution d'azotate d'argent, traitée par le chlorure de sodium, donnera du chlorure d'argent, d'après l'équation

$$\underbrace{AzO^3Ag}_{108} + \underbrace{NaCl}_{(58,5)} = AgCl + AzO^3Na,$$

qui montre que $58^{gr},5$ de chlorure de sodium précipitent 108^g d'argent.

Il faudra donc, pour précipiter $4^g,175$ d'argent, prendre

$$\frac{58,5 \times 4,175}{108} = 2^g,26 \text{ de chlorure de sodium.}$$

20. *Une pièce de 1 franc est traitée par de l'acide azotique, à chaud et en excès, jusqu'à dissolution complète. A la liqueur refroidie on ajoute une solution de potasse jusqu'à ce qu'elle prenne une réaction alcaline. On demande :*

1° *Quelle est la nature du produit formé ;*

2° *Quel sera le poids de ce précipité quand on l'aura lavé, séché et maintenu quelque temps au rouge sombre ;*

3° *Si l'on continue à chauffer le résidu, mais dans un courant d'hydrogène, ce qu'il adviendra définitivement.*

Poids atomiques : Ag = 108; Cu = 63.

(*Concours général de Première Sciences.*)

1° La pièce de 1[fr] renferme

$$0,835 \times 5 = 4^{g},175 \text{ d'argent}$$

et

$$0,165 \times 5 = 0^{g},825 \text{ de cuivre.}$$

Voici la suite des transformations auxquelles on soumet cet alliage.

Action de l'acide azotique :

sur l'argent,

$$\underset{(324)}{3Ag} + 4AzO^3H = AzO + 2H^2O + \underset{(510)}{3AzO^3Ag}; \qquad (1)$$

sur le cuivre,

$$\underset{(189)}{3Cu} + 8AzO^3H = 2AzO + 4H^2O + \underset{(561)}{3(AzO^3)^2Cu}. \qquad (2)$$

Action de la potasse :

sur l'azotate d'argent,

$$\underset{(340)}{2AzO^3Ag} + 2KOH = 2AzO^3K + \underset{(232)}{Ag^2O} + H^2O; \qquad (3)$$

sur l'azotate de cuivre,

$$\underset{(187)}{(AzO^3)^2Cu} + 2KOH = 2AzO^3K + \underset{(97)}{Cu(OH)^2}. \qquad (4)$$

Action de la chaleur au rouge sombre :

sur l'oxyde d'argent,

$$\underset{(232)}{Ag^2O} = \underset{(216)}{Ag^2} + O \text{ (oxyde réductible)}; \qquad (5)$$

sur l'hydrate de cuivre,

$$\underset{(97)}{Cu(OH)^2} = \underset{(79)}{CuO} + H^2O \text{ (oxyde irréduct. au rouge sombre)}. \qquad (6)$$

Réduction de l'oxyde de cuivre par l'hydrogène :

$$\underset{(79)}{CuO} + H^2 = \underset{(63)}{Cu} + H^2O. \qquad (7)$$

La suite de ces réactions montre que les différentes opérations ont pour résultat d'isoler les 1g,175 d'argent des 0g,825 de cuivre contenus dans la pièce.

2° Le poids du précipité demandé dans la 2e partie du problème peut se déduire des réactions indiquées ci-dessus. Les deux premières donnant des azotates solubles, il n'y a pas de précipité.

Les poids de ces azotates, tirés des équations (1) et (2), sont 6g,57 pour l'azotate d'argent et 2g,45 pour l'azotate de cuivre.

Des équations (3) et (4), on tire

Poids d'oxyde d'argent. . . . $\frac{232 \times 6,57}{340}$ = 4g,483

Poids d'hydrate de cuivre. . . $\frac{97 \times 2.45}{187}$ = 1g,27

Poids total du précipité. 5g,753

Des équations (5) et (6), on déduit

Poids d'argent de l'oxyde. . . $\frac{212 \times 4,483}{232}$ = 4g,1748

Poids d'oxyde de cuivre. . . . $\frac{79 \times 1,27}{97}$ = 1g,034

Poids total du précipité au rouge sombre 5g,2088

3° Enfin, de l'équation (7) on tire

Poids du cuivre réduit par l'hydrogène. . . . . $\frac{63 \times 1,034}{79}$ = 0g,824

Les nombres 4g,1748 et 0g,824 représentent très approximativement les poids d'argent et de cuivre contenus dans la pièce.

21. *Dans un récipient chauffé à 860°, on introduit un cristal de spath d'Islande* (CO^3Ca) *et on ferme hermétiquement le vase. Quelle doit être la capacité de ce récipient pour que la masse de gaz carbonique mis en liberté soit égale à la masse du litre de ce* *gaz à 0° et à 760mm? Quel est alors en grammes le poids de carbonate décomposé?*

Poids atomiques : C = 12; O = 16; Ca = 40.

Coefficient de dilatation des gaz, 0,00367.

Tension de dissociation à 860°, 85 *millimètres.*

1° Le volume V occupé par la masse du litre normal d'anhydride carbonique porté à 860° et à la tension 85mm est donné par la relation

$$\frac{V \times 85}{1 + 860\alpha} = \frac{1 \times 760}{1},$$

d'où l'on tire V = 37l environ.

2° Le poids de la molécule-gramme CO^3Ca est

$$(12 + 3 \times 16 + 40) = 100^g$$

et ces 100 grammes donnent, par décomposition totale, une molécule ou 22l,3 de gaz CO^2.

Donc 1 litre de gaz carbonique proviendra de

$$\frac{100}{22,3} = 4^g,48 \text{ de carbonate de calcium.}$$

22. *Quel poids de carbonate de sodium cristallisé* $CO^3Na^2 + 10H^2O$ *faut-il employer pour transformer en carbonate de baryum* 15g *de chlorure de baryum cristallisé* $BaCl^2 + 2H^2O$?

P. at. : C = 12; O = 16; Ba = 137; Na = 23; Cl = 35,5.

L'équation de la réaction

$$\underbrace{BaCl^2 . 2H^2O}_{244} + \underbrace{CO^3Na^2 . 10H^2O}_{286} = CO^3Ba + 2NaCl + 12H^2O$$

indique que 244g de chlorure de baryum sont transformés par 286g de carbonate de sodium; d'où la proportion

$$\frac{244}{286} = \frac{15}{x}$$

et

$$x = 17^g,58.$$

23. *On a un baromètre vertical dont la section intérieure a une surface de 8^{cm^2} et dont la capacité évaluée à partir du niveau du mercure dans la cuvette, niveau supposé invariable, est 1 litre.*

1° On y fait passer la totalité de gaz sec provenant de l'action de 5^g de mercure sur l'acide sulfurique bouillant. On demande quelle sera la hauteur du mercure dans le tube, la pression extérieure étant de 73^{cm} et la température 25°.

2° Dans le gaz ainsi obtenu, on fait arriver le gaz desséché provenant de l'action de l'acide chlorhydrique sur du sulfure d'antimoine. Quel doit être le poids du sulfure d'antimoine pour que le mélange gazeux amène le niveau du mercure du tube dans le même plan horizontal que celui de la cuvette?

3° Que deviendra ce niveau dans le tube si l'on y introduit de l'eau dont on négligera le volume?

Poids atomiques : H = 1 ; O = 16 ; S = 32 ; Hg = 200 ; Sb = 120.

Tension de la vapeur d'eau à 25°, $2^{cm},4$.

Densité du gaz sulfureux, 2,25.

Densité du gaz sulfhydrique, 1,17.

(*Concours général de Philosophie.*)

Puisque le volume intérieur du baromètre est 1000^{cm^3}, la hauteur correspondante a pour valeur

$$\frac{1000^{cm^3}}{8^{cm^2}} \quad \text{ou} \quad 125^{cm}.$$

1° De l'équation

$$\underset{(200)}{Hg} + 2SO^4H^2 = \underset{(64)}{SO^2} + SO^4Hg + 2H^2O,$$

on déduit que 5 grammes de mercure donnent

$$\frac{64 \times 5}{200} = 1^g,6 \text{ de gaz sulfureux,}$$

gaz dont le volume à 0° et à la pression 76^{cm} a pour valeur

$$\frac{1,6}{1,293 \times 2,25} = 0^l,550.$$

En introduisant ce gaz dans le tube barométrique, le niveau

du mercure ne s'élève plus qu'à une hauteur x et l'on a, d'après la loi des gaz parfaits,

$$550 \times 76 = \frac{8(125 - x)(73 - x)}{1 + \frac{25}{273}},$$

d'où $$x^2 - 198x + 3421,52 = 0$$

et $$x = 99 \pm 79,87.$$

La plus petite racine,

$$99 - 79,87 = 19^{cm},13,$$

convient seule, et la hauteur du mercure étant de $19^{cm},13$, la tension du gaz sulfureux sera

$$73 - 19,13 = 53^{cm},87.$$

2° Lorsque, par suite de l'introduction du gaz sulfhydrique, les niveaux du mercure du tube et de la cuvette sont dans un même plan, le gaz sulfureux occupe 1000^{cm^3} et sa force élastique f est donnée par l'équation de la loi de Mariotte

$$1000f = 8(125 - 19,13)53,87,$$

d'où l'on tire $$f = 456^{mm}.$$

La force élastique de l'acide sulfhydrique est donc égale à

$$730 - 456 = 274^{mm}$$

et sa masse m sera

$$m = \frac{1000 \times 0,001293 \times 1,17 \times 274}{760\left(1 + \frac{25}{273}\right)},$$

ou $$m = 0^{g},527.$$

D'autre part, la production de l'acide sulfhydrique a lieu d'après l'équation

$$\underset{(336)}{Sb^2S^3} + 6\,HCl = 2\,SbCl^3 + \underset{(102)}{3\,H^2S},$$

qui exprime que, pour obtenir 102^g d'acide sulfhydrique, il faut employer 336^g de sulfure d'antimoine ; pour obtenir $0^g,527$ d'acide, il faudra donc employer

$$\frac{336 \times 0,527}{102} = 1^g,736 \text{ de sulfure.}$$

3° En introduisant de l'eau en quantité suffisante dans le tube, les deux gaz seront absorbés et, comme à 25° la tension maximum de la vapeur d'eau est $2^{cm},4$, la colonne mercurielle remonte dans le tube jusqu'à une hauteur de $73 - 2,4 = 70^{cm},6$.

(Solution du Journal de Vuibert.)

24. *On brûle 1^g de soufre dans 20 litres d'air à 100° et à 760^{mm}, renfermés dans un ballon fermé. Le produit de la réaction est dirigé sur de la mousse de platine chauffée. (On supposera la réaction totale.)*

Indiquer : 1° le volume total des gaz après combustion;

2° le volume total des gaz après l'action de la mousse de platine.

Toutes ces déterminations seront faites pour la température de 100°, de façon que tous les produits restent gazeux, la pression restant constante pendant toute l'expérience.

(École de Physique et de Chimie industrielles de Paris.)

1° Par volume total des gaz, il faut entendre la somme des volumes des trois gaz, chacun d'eux étant ramené à la pression 76^{cm} et à la température de 100°.

Les 20 litres d'air renfermaient, avant la combustion du soufre, $20 \times \frac{21}{100}$ d'oxygène et $20 \times \frac{79}{100}$ d'azote.

Cette combustion est exprimée par l'équation

$$\underset{(32)}{S} + \underset{(32)}{O^2} = \underset{(64)}{SO^2},$$

de laquelle il résulte que 32^g de soufre donnent deux volumes chimiques ou $22^l,3$ de gaz sulfureux à 0° et à la pression 76^{cm}; 1 gramme de soufre donnera à 100° et à la pression 76^{cm}

$$\frac{22,3}{32}(1 + 0,367) = 0^l,95 \text{ de gaz sulfureux.}$$

Les volumes des trois gaz sont donc, après combustion :

Oxygène . . . . $20 \times \frac{21}{100} - 0,95$;

Azote . . . . $20 \times \frac{79}{100}$;

Anhydride sulfureux. . . . . $0^l,95$.

Le volume total n'a pas changé, car les $0^l,95$ d'oxygène ont été remplacés par un égal volume de gaz sulfureux, comme l'indique l'équation de combustion.

2° Le passage du gaz sulfureux sur la mousse de platine donne de l'anhydride sulfurique qui reste gazeux à la température de l'expérience :

$$\underset{2\text{ vol.}}{SO^2} + \underset{1\text{ vol.}}{O} = \underset{2\text{ vol.}}{SO^3},$$

d'où il résulte que le volume d'anhydride sulfurique formé est égal au volume du gaz sulfureux provenant de la première réaction, et que le volume d'oxygène absorbé est égal à sa moitié.

On a donc pour nouveaux volumes :

Azote . . . . $20 \times \frac{79}{100} = 15^l,8$

Anhydride sulfurique . . . . $0^l,95$

Oxygène. . . . . $\frac{20 \times 21}{100} - 0,95 - \frac{0,95}{2} = 2^l,775$

Volume total. . . . . . . $= 19^l,525$

25. *On distille dans une cornue en grès, jusqu'à décomposition complète, 100^g de sulfate ferreux préalablement desséché, et on fait passer les produits volatils dans un tube de platine chauffé au rouge. On obtient un mélange gazeux que l'on recueille sur le mercure; on traite ce mélange par une solution alcaline en excès qui en absorbe une partie. Quel volume occuperait à 0° et à la pression 760^{mm} le gaz absorbé, et quel serait, dans les mêmes conditions de température et de pression, le volume de la partie du mélange non absorbable, abstraction faite de l'air entraîné ?*

Poids atomique : Fe = 56.

Densité de l'oxygène, 1,105; *de l'hydrogène,* 0,0695; *de la vapeur de soufre,* 2,22.

Poids du litre d'air normal, $1^g,293$.

La distillation du sulfate ferreux donne de l'anhydride sulfureux, de l'anhydride sulfurique et du sesquioxyde de fer, d'après l'équation

$$2\,SO^4Fe = SO^2 + SO^3 + Fe^2O^3.$$

L'anhydride SO^3, en passant dans le tube chauffé au rouge, se décompose en gaz sulfureux et en oxygène :

$$SO^3 = SO^2 + O.$$

En définitive, le mélange gazeux recueilli sur le mercure est formé d'anhydride sulfureux et d'oxygène.

Pour connaître les volumes de ces gaz, il est nécessaire de connaître les poids atomiques de l'oxygène, du soufre, et la densité du gaz sulfureux ; or le poids atomique de l'hydrogène étant 1, on aura :

Poids atomique de l'oxygène $\dfrac{1,105}{0,0695} = 15,9;$

Poids atomique du soufre $\dfrac{2,22}{0,0695} = 31,94.$

La densité du gaz SO^2, dont le poids moléculaire est $(31,94 + 2 \times 15,9)$ ou 63,74, s'obtiendra par la formule

$$m = \frac{2d}{0,0695} = d \times 28,8,$$

d'où

$$d = \frac{63,74}{28,8} = 2,216\,;$$

et la molécule-gramme SO^4Fe vaut $(31,94 + 4 \times 15,9 + 56)$ ou $151^g,5$.

On voit ainsi qu'avec $2\,SO^4Fe$, soit 303 grammes de sulfate ferreux, on obtient $2SO^2 + O$, c'est-à-dire $127^g,48$ de gaz sulfureux et $15^g,9$ d'oxygène.

Par suite les 100^{g} de SO^4Fe produiront

$$\frac{127,48 \times 100}{303} = 42^{g},06 \text{ d'anhydride sulfureux}$$

et

$$\frac{15,9 \times 100}{303} = 5^{g},25 \text{ d'oxygène,}$$

ce qui représente en volumes,

$$\frac{42,06}{2,216 \times 1,293} = 14^{l},70 \text{ de gaz sulfureux}$$

et

$$\frac{5,25}{1,105 \times 1,293} = 3^{l},67 \text{ d'oxygène.}$$

L'anhydride sulfureux sera absorbé par la solution alcaline qui, étant en excès, donnera un sulfite neutre ; la partie non absorbée sera l'oxygène.

Remarque. — La considération des volumes chimiques conduit plus rapidement au résultat ; 303^{g} de sulfate ferreux ont produit 4 vol. ou $44^{l},6$ de gaz sulfureux et en plus 1 vol. ou $11^{l},3$ d'oxygène, d'où 100^{g} produiront $\frac{44,6 \times 100}{303} = 14^{l},70$ de gaz SO^2 et $\frac{14,70}{4} = 3^{l},67$ d'oxygène. Le calcul de la densité du gaz sulfureux n'est plus nécessaire.

26. 1° *On traite à chaud 100^{g} d'acétate de sodium pur par l'acide sulfurique. Quelle est la masse d'acide acétique obtenue ?*

2° *On fait passer un courant de chlore dans cet acide de manière à le transformer en acide trichloracétique. Quel volume de chlore mesuré à 0° et à la pression 76^{cm} faudra-t-il employer ?*

3° *Quelle masse de chloroforme obtiendra-t-on en traitant par la potasse l'acide trichloracétique ainsi obtenu ?*

Poids atomiques : H = 1 ; C = 12 ; Na = 23 ; Cl = 35,5,

1re *Réaction :*

$$SO^4H^2 + \underbrace{C^2H^3O^2Na}_{66} = SO^4NaH + \underbrace{C^2H^4O^2}_{60},$$

d'où le poids d'acide formé :

$$\frac{60 \times 100}{66} = 90^{g},90.$$

2° *Réaction :*

$$\underbrace{C^2H^4O^2}_{60} + \underbrace{3\,Cl^2}_{213} = \underbrace{C^2HCl^3O^2}_{163,5} + 3\,HCl,$$

d'où le poids de chlore nécessaire à la transformation :

$$\frac{213 \times 90,90}{60} = 322^{g},7 ;$$

et le poids d'acide trichloracétique obtenu :

$$\frac{163,5 \times 90,90}{60} = 247^{g},7.$$

3° *Réaction :*

$$\underbrace{C^2HCl^3O^2}_{163,5} + 2\,KOH = CO^3K^2 + H^2O + \underbrace{CHCl^3}_{119,5},$$

d'où le poids de chloroforme :

$$\frac{119,5 \times 247,7}{163,5} = 181^{g}.$$

En définitive, 100g d'acétate de sodium donnent, par ces transformations successives, 181g de chloroforme ; on peut vérifier ce résultat en écrivant immédiatement la proportion indiquée par la 1re et la 3e réaction :

$$\frac{66}{119,5} = \frac{100}{x},$$

d'où $$x = 181^{g}.$$

27. *Quelle quantité de bichromate de potassium faut-il employer pour convertir entièrement en aldéhyde 100g d'alcool éthylique?*

Quelle sera la masse d'aldéhyde obtenue?

Poids atomiques : Cr = 52 ; K = 39.

L'oxydation de l'alcool à l'aide du bichromate de potassium se fait d'après les deux équations

$$Cr^2O^7K^2 + 4SO^4H^2 = (SO^4)^3Cr^2 + SO^4K^2 + 4H^2O + O^3,$$
$$3CH^3.CH^2.OH + O^3 = 3H^2O + 3CH^3.COH.$$

La molécule-gramme $Cr^2O^7K^2$ pèse 294^g, la molécule alcool C^2H^6O, 46^g ; et la molécule aldéhyde $CH^3.COH$, 44^g. Les deux réactions ci-dessus montrent donc que 294^g de bichromate peuvent convertir 3×46 ou 138^g d'alcool en 3×44 ou 132^g d'aldéhyde ; donc 100^g d'alcool exigeront

$$\frac{294 \times 100}{138} = 213^g \text{ de bichromate}$$

et ces 100^g d'alcool donneront

$$\frac{44 \times 100}{46} = 95^g,65 \text{ d'aldéhyde.}$$

28. *La formule théorique de la combustion de la poudre ordinaire est*

$$2AzO^3K + S + 3C = 3CO^2 + K^2S + 2Az.$$

Calculer le volume de gaz à 0° et à la pression 760^{mm} *que peut dégager l'inflammation de* 1^{kg} *de poudre ordinaire.*

Poids atomiques : $Az = 14$; $O = 16$; $K = 39$; $S = 32$; $C = 12$.

L'équation de l'énoncé montre que $2(14 + 48 + 39)$ ou 202 de salpêtre, ajoutés à 32^g de soufre et à 36^g de carbone, c'est-à-dire au total 270^g de poudre, donnent 6 volumes chimiques d'anhydride carbonique et 2 volumes d'azote.

Ces 8 volumes chimiques de gaz représentent en litres

$$8 \times 11,15 = 89^l,20.$$

Si donc 270^g de poudre produisent $89^l,20$ de gaz, 1000^g de poudre produiront

$$\frac{89,20 \times 1000}{270} = 330^l \text{ environ.}$$

Remarque. — La combustion élève les gaz à une température de 1 100° environ ; en prenant pour coefficient moyen de dilatation des gaz la valeur $\alpha = 0,00367$, le volume deviendrait à la même pression 760^{mm}

$$V = 330(1 + 1100 \times 0,00367) = 1662^l.$$

29. *Une analyse du gaz d'éclairage de la ville de Paris a donné la composition centésimale suivante en volumes :*

Hydrogène	34,90	*Butylène*	2,40
Méthane	45,58	*Sulfure d'hydrogène*	0,30
Oxyde de carbone	6,64	*Azote*	2,46
Éthylène	4,08	*Gaz carbonique*	3,64

Calculer le poids d'air nécessaire à la combustion complète de 1$^{m^3}$ *de ce gaz, ainsi que le poids d'anhydride carbonique formé.*

Poids du litre d'oxygène, 1^g,42; *du litre de gaz carbonique,* 1^g,97.

1° *Poids de l'air nécessaire à la combustion.* — Les équations de combustion pour les différents gaz combustibles sont les suivantes:

$$H^2 + O = H^2O, \quad (1)$$
$$CH^4 + 4O = CO^2 + 2H^2O, \quad (2)$$
$$C^2H^4 + 6O = 2CO^2 + 2H^2O, \quad (3)$$
$$C^4H^8 + 12O = 4CO^2 + 4H^2O, \quad (4)$$
$$CO + O = CO^2, \quad (5)$$
$$H^2S + 3O = SO^2 + H^2O. \quad (6)$$

Les rapports des volumes d'oxygène employés pour brûler les gaz aux volumes de ces différents gaz sont donc :

pour l'hydrogène $\frac{1}{2}$ et pour l'hydrogène du mélange $\frac{1}{2} \times 34,90 = 17,45$

—	CH^4	$\frac{4}{2}$	—	le méthane	—	$2 \times 45,58 = 91,16$
—	C^2H^4	$\frac{6}{2}$	—	l'éthylène	—	$3 \times 4,08 = 12,24$
—	C^4H^8	$\frac{12}{2}$	—	le butylène	—	$6 \times 2,4 = 14,40$
—	CO	$\frac{1}{2}$	—	l'oxyde de carbone	—	$\frac{1}{2} \times 6,64 = 3,32$
—	H^2S	$\frac{3}{2}$	—	le sulfure d'hydrogène	—	$\frac{3}{2} \times 0,30 = 0,45$

Volume total d'oxygène nécessaire pour brûler 100 litres de gaz = 139^l,02

Volume d'oxygène nécessaire à la combustion de 1$^{m^3}$ de gaz, 1 390 litres.

Ces 1390 litres d'oxygène représentent les $\frac{21}{100}$ du volume d'air qui les renferme. Le poids de cet air est donc

$$\frac{1390 \times 100}{21} \times 1,293 = 8588^{g},4.$$

2° *Poids d'anhydride carbonique formé.* — Les mêmes équations montrent que pour 27 volumes d'oxygène employés à la combustion, il y a 16 volumes de gaz carbonique formé ; donc, 1390 litres d'oxygène formeront $\frac{1390 \times 16}{27}$ litres d'anhydride carbonique, ce qui représente une masse de

$$\frac{1390 \times 16}{27} \times 1,97 = 1623 \text{ grammes.}$$

CHAPITRE II

THÉORIE ATOMIQUE. — LOIS DES COMBINAISONS

§ I. — POIDS MOLÉCULAIRES ET ATOMIQUES FORMULES. — HYPOTHÈSE D'AVOGADRO. — LOIS DE RAOULT. — LOIS DE DULONG ET PETIT

30. *Quelle est, à 0° et sous la pression* 76^{cm}, *la masse du litre des gaz simples ou des vapeurs des trois corps suivants : oxygène, iode, phosphore, les deux premiers étant diatomiques, le troisième tétratomique ? On donne leurs poids atomiques :* $O = 16$, $I = 126$, $P = 31$, *et la densité de l'hydrogène*, 0,0695.

Toute molécule-gramme d'un corps à l'état gazeux occupe le volume de la molécule-gramme d'hydrogène

$$\frac{2}{0{,}0695 \times 1{,}293} = 22^{l}{,}3 \text{ environ.}$$

On a donc, en représentant par n le nombre d'atomes de la molécule d'un corps simple et par p le poids de l'atome de ce corps :

$$\text{Poids du litre en grammes} = \frac{np}{22{,}3},$$

ce qui conduit aux résultats suivants pour les éléments donnés :

$$1 \text{ litre d'oxygène pèse} \ldots\ldots \quad \frac{2 \times 16}{22{,}3} = 1^{g}{,}43,$$

1 litre de vapeur d'iode pèse . . . $\frac{2 \times 126}{22,3} = 11^{g},4,$

1 litre de vapeur de phosphore pèse $\frac{4 \times 31}{22,3} = 5^{g},6.$

31. *L'analyse d'un gaz a donné pour composition centésimale :*

Azote. . . 82,352 ; *Hydrogène. . .* 17,647.

Trouver la formule de ce gaz, sachant que sa décomposition a donné un volume d'azote égal à la moitié du sien.

Poids atomiques : Az = 14 ; H = 1.

Les nombres relatifs d'atomes des deux corps composants sont :

pour l'azote, $\frac{82,352}{14} = 5,882$;

pour l'hydrogène, $\frac{17,647}{1} = 17,647.$

Or, le rapport de ces deux nombres, $\frac{17,647}{5,882}$, est égal à 3 ; la formule répondant à cette première partie de l'analyse est donc $Az^{n}H^{3n}$; mais comme 2 volumes de ce corps renferment 1 seul volume d'azote, la seule formule acceptable est AzH^{3}.

32. *Étant donnés le poids moléculaire de l'azote, m = 28, celui de l'oxygène, m′ = 32, et la composition centésimale de l'air atmosphérique d'après Bunsen, 79,04 d'azote pour 20,96 d'oxygène, trouver la composition centésimale de l'air en poids* (*).

Toute molécule de gaz occupe $22^{l},3$ à la pression 76^{cm} et à la température 0° ; par suite

(*) Évidemment on ne tiendra pas compte dans ce problème de la présence de l'argon et des autres gaz découverts depuis Bunsen.

$79^l,04$ d'azote pèsent	$\frac{28 \times 79,04}{22,3} =$	$99^g,24$
$20^l,96$ d'oxygène pèsent	$\frac{32 \times 20,96}{22,3} =$	$30^g,08$
100^l d'air pèsent		$129^g,32$

Le poids d'azote contenu dans 100^g d'air sera

$$\frac{99,24 \times 100}{129,32} = 76^g,74$$

et le poids d'oxygène

$$\frac{30,08 \times 100}{129,32} = 23^g,26.$$

33. *Trouver la composition centésimale du phosphate tricalcique connaissant les poids atomiques :* Ca = 40 ; P = 31 ; O = 16.

Le poids moléculaire du phosphate tricalcique $(PO^4)^2Ca^3$ a pour valeur

$$(31 + 4 \times 16)2 + 40 \times 3 = 310.$$

On peut donc dire que 310^g de phosphate renferment 2×31 ou 62^g de phosphore ; 100^g de phosphate renfermeront

$$\frac{62 \times 100}{310} = 20^g \text{ de phosphore.}$$

On aura de même

$$\frac{128 \times 100}{310} = 41^g,28 \text{ d'oxygène}$$

et

$$\frac{120 \times 100}{310} = 38^g,71 \text{ de calcium.}$$

34. 20 *grammes de sucre de canne ont donné* $11^g,58$ *de vapeur d'eau et un résidu de* $8^g,42$ *de charbon. Déterminer la composition* *centésimale du sucre de canne et la formule la plus simple qui représenterait sa molécule.*

100 grammes de sucre contiennent

$$8,42 \times 5 = 42^{g},1 \text{ de charbon}$$

et

$$11,58 \times 5 = 57^{g},9 \text{ d'eau.}$$

Ces $57^{g},9$ d'eau renferment

$$\frac{1}{9} \times 57,9, \text{ soit } 6^{g},433 \text{ d'hydrogène}$$

et

$$\frac{8}{9} \times 57,9, \text{ soit } 51^{g},464 \text{ d'oxygène,}$$

ce qui donne pour composition centésimale $\left\{\begin{array}{l} C = 42,10 \\ H = 6,433 \\ O = 51,466 \end{array}\right.$

$$\overline{99,999}$$

Les nombres d'atomes de ces corps sont proportionnels à

$$\frac{42,10}{12}, \quad \frac{6,433}{1}, \quad \frac{51,466}{16},$$

ou à

$$3,51, \quad 6,433, \quad 3,2166.$$

En prenant pour point de départ un atome d'oxygène, on aurait, tous calculs faits, la formule

$$C^{1,091}H^{2}O.$$

Malgré les erreurs d'analyse et les valeurs numériques approchées employées dans la solution du problème, il est difficile de substituer la valeur 1 à la valeur 1,091 dans cette formule ; on pourra choisir entre les deux formules suivantes qui permettent d'exprimer en nombres entiers les nombres d'atomes des composants :

$$C^{1,091 \times 11}H^{22}O^{11} = C^{12,001}H^{22}O^{11}, \quad \text{soit} \quad C^{12}H^{22}O^{11},$$

ou

$$C^{1,091 \times 12}H^{24}O^{12} = C^{13,092}H^{24}O^{12}, \quad \text{ou} \quad C^{13}H^{24}O^{12}.$$

La formule la plus exacte est évidemment $C^{12}H^{22}O^{11}$, mais malgré cela elle laisse quelque incertitude.

Cet exemple montre bien que l'analyse centésimale ne peut servir seule à déterminer le poids moléculaire d'un corps ; nous verrons, par d'autres exemples, comment la densité de vapeur, les lois de la cryoscopie, etc. peuvent aider à cette détermination.

35. *En analysant le chlorure de phosphore, on a trouvé que le rapport des poids de chlore et de phosphore est* 3,43. *On demande la composition en volumes de ce composé d'après les données suivantes :*

Densité du chlore	2,44,
— *de la vapeur de phosphore*	4,30,
— *de la vapeur du chlorure de phosphore* . . .	4,74.

Soit x le nombre de litres de chlore qui se combinent à 1 litre de vapeur de phosphore. On a

$$\frac{x \times 2,44 \times 1,293}{1 \times 4,3 \times 1,293} = 3,43,$$

d'où $$x = 6 \text{ litres}$$

et, si l'on désigne par v le volume de chlorure de phosphore gazeux résultant de la combinaison de 1 litre de vapeur de phosphore et de 6 litres de chlore, on peut écrire

$$(1 \times 4,3 \times 1,293) + (6 \times 2,44 \times 1,293) = v \times 4,74 \times 1,293,$$

équation d'où l'on tire $v = 4$.

Donc, 1 volume de vapeur de phosphore et 6 volumes de chlore donnent 4 volumes de chlorure, et la molécule de ce dernier corps, qui à l'état gazeux occupe 2 volumes, est formée d'un demi-volume de vapeur de phosphore et de 3 volumes de chlore. Sa formule est PCl^3.

36. 5 *grammes d'un hydrocarbure de la série des carbures saturés donnent en brûlant* 9 *grammes d'eau. Quelle est la formule de ce carbure d'hydrogène ?*

Les carbures saturés ont pour formule générale C^nH^{2n+2}; l'équation de leur combustion est

$$C^nH^{2n+2} + (3n+1)O = nCO^2 + (n+1)H^2O,$$

ou, en remplaçant les symboles par les poids atomiques,

$$(12n + 2n + 2) + (3n+1)16 = 44n + (n+1)18.$$

Or, d'après l'énoncé, le poids d'eau formé vaut les $\frac{9}{5}$ du poids du carbure ; le rapport sera le même pour le poids de sa molécule, ce que nous représentons par l'équation

$$(n+1)18 = \frac{9}{5}(14n+2),$$

qui donne pour n la valeur 2.

Le carbure a pour formule C^2H^6 : c'est l'*éthane*.

37. *Un corps est formé d'hydrogène et de carbone dans la proportion de 72ᵍ de carbone pour 15ᵍ d'hydrogène. Sa densité de vapeur est sensiblement égale à 2. On demande la formule moléculaire de ce corps.*

Poids atomiques : H = 1 ; C = 12.

La molécule-gramme de ce carbure d'hydrogène pèse $2 \times 28,8 = 57^g,6$, soit 58^g en nombre entier ; elle peut être représentée par la formule C^xH^y, d'où la première équation

$$12x + y = 58. \qquad (1)$$

D'autre part, les poids de carbone et d'hydrogène renfermés dans les 72 + 15 ou 87 grammes de la substance sont évidemment proportionnels aux poids de ces éléments dans la molécule, d'où la seconde équation

$$\frac{12x}{y} = \frac{72}{15}. \qquad (2)$$

De ces deux équations, on tire

$$x = 4 \qquad \text{et} \qquad y = 10.$$

La formule C^4H^{10} est celle du *butane*.

38. *Un cristal de dolomie a donné, à l'analyse, les résultats suivants :*

CaO	26,96	
MgO	7,84	
FeO	19,91	= 99,67.
MnO	1,82	
CO^2	43,14	

Les carbonates de ces oxydes étant isomorphes, déterminer la formule de ce minéral.

Poids atomiques : Ca = 40; Mg = 24; Fe = 56; Mn = 54; O = 16.

Les molécules d'oxydes pouvant se remplacer mutuellement dans la formation du carbonate, cherchons les poids équivalents en chaux de 7g,84 MgO, de 19g,81 FeO, de 1g,82 MnO.

Les molécules-grammes de chacun de ces oxydes ont pour valeur

MgO = 40g ; FeO = 72g ; MnO = 70g ; CaO = 56g.

Donc

7,84 de MgO équivalent à $\frac{56 \times 7,84}{40}$ = 10,98 de CaO

19,91 de FeO — $\frac{56 \times 19,91}{72}$ = 15,48 —.

1,82 de MnO — $\frac{56 \times 1,82}{70}$ = 1,46 —

Poids de CaO. . . . . 26,96 —

Soit, au total . . . . = 54,88 de chaux.

Or, 56 de chaux se combinent à 44 d'anhydride carbonique CO^2 ; 54,88 de chaux se combineront à

$$\frac{44 \times 54,88}{56} = 43,12 \text{ de } CO^2.$$

Le rapport $\frac{43,12}{43,14}$ étant très sensiblement égal à 1, la différence pouvant provenir de l'analyse et des approximations dans les opérations, il faut en conclure que tous ces oxydes sont combinés au gaz carbonique. Donc le cristal renferme 4 carbonates et peut être représenté par la formule (Ca, Fe, Mn, Mg) CO^3.

Il est facile de déterminer le poids de chacun de ces carbonates dans le cristal soumis à l'analyse ; par exemple : le poids moléculaire du carbonate de magnésium CO^3Mg étant 84, celui de la magnésie MgO étant 40, on aura le poids x de carbonate de magnésium par la proportion,

$$\frac{40}{84} = \frac{7,84}{x},$$

d'où $x = 16^g,464$;

et ainsi de suite pour les autres carbonates.

39. *Une variété de serpentine a donné à l'analyse*

$$\left.\begin{array}{l} SiO^2 = 46^g,96 \\ MgO = 31^g,26 \\ H^2O = 21^g,22 \end{array}\right\} 99^g,44.$$

Déterminer la formule de ce minéral (cérolithe).

Poids atomiques : Mg = 24; Si = 28; O = 16.

La molécule de silicate de magnésium, que nous pouvons écrire SiO^2MgO, renferme 28 + 32 ou 60 de silice et 24 + 16 ou 40 de magnésie, et son poids moléculaire vaut 60 + 40 = 100.

Le rapport de la silice à la magnésie est donc $\frac{60}{40}$.

Cherchons si les proportions de silice et de magnésie contenues dans la serpentine répondent à ces nombres.

Le minéral renfermerait

$$46,96 + 31,26 = 78,22 \text{ de silicate;}$$

or, le rapport $\frac{46,96}{78,22}$ est très approximativement égal à 0,60 et le rapport $\frac{31,26}{78,22}$ est égal à 0,399, soit 0,40 ; c'est donc bien un silicate de magnésium.

D'autre part, le silicate de magnésium hydraté aurait pour formule $SiO^3Mg + nH^2O$; cherchons à quelle quantité d'eau sont alliés 100^g, poids de la molécule-gramme de silicate anhydre, dans le minéral.

On a la proportion

$$\frac{78,22}{21,22} = \frac{100}{x};$$

on en tire $x = 27$, soit une molécule et demie d'eau.

La formule de la cérolithe est donc

$$SiO^3Mg + (H^2O)^{\frac{3}{2}},$$

ou mieux

$$(SiO^3Mg)^2 + 3H^2O.$$

40. *Dans l'analyse quantitative d'un alun de potassium, Berzélius* (1812) *trouva les résultats suivants :*

50g	*d'alun donnèrent*	5g,43	*d'alumine ;*
10g	—	—	1g,815 *de sulfate neutre de potassium ;*
20g	—	—	19g,074 *de sulfate de baryum ;*
20g	—	—	9g *d'eau.*

Trouver le pourcentage des métaux, de l'anhydride sulfurique et de l'eau contenus dans cet alun.

Poids atomiques : Al = 27 ; K = 39 ; Ba = 137 ; O = 16.

1° *Aluminium.* — La molécule-gramme Al^2O^3 vaut 102g, et Al^2 vaut 54g, d'où la proportion

$$\frac{102}{54} = \frac{5,43}{x}$$

et $x = 2^g,88$ d'aluminium.

Ces 2g,88 proviennent de 50g d'alun ; par suite 100g d'alun contiendront

$$2,88 \times 2 = 5^g,76 \text{ d'aluminium.} \qquad (a)$$

2° *Potassium.* — Un calcul semblable donne pour le potassium, sachant que $SO^4K^2 = 174^g$ et $K^2 = 78^g$,

$$\frac{174}{78} = \frac{1^g,815}{y},$$

d'où $y = 0^g,813$

et 100g d'alun contiennent

$$\frac{0,813 \times 100}{10} = 8^{g},13 \text{ de potassium.} \qquad (b)$$

3° *Anhydride* SO^3. — Le poids moléculaire de SO^4Ba est 233 et 233g de ce sulfate renferment 80g d'anhydride SO^3 : on aura donc

$$\frac{233}{80} = \frac{19,974}{x},$$

d'où

$$x = 6^{g},86$$

et pour 100g d'alun

$$\frac{6,86 \times 100}{20} = 34^{g},3 \text{ de } SO^3. \qquad (c)$$

Ces 34g,3 de SO^3 correspondent à

$$\frac{34,3 \times 96}{80} \text{ ou } 41^{g},1 \text{ de } SO^4.$$

4° *Eau*. — Le poids d'eau contenu dans 100g d'alun est

$$\frac{9 \times 100}{20} = 45^{g}.$$

Résultat général :

Poids de Al.	5,76
— K.	8,13
— $SO^3 + O$	41,1
— H^2O.	45
Total =	99,99

Remarque. — Proposons-nous de rechercher l'exactitude de cette analyse, connaissant la formule de l'alun de potassium

$$(SO^4)^3Al^2 + SO^4K^2 + 24H^2O$$
$$(288 + 54) + (96 + 78) + (432) = 948.$$

La molécule-gramme d'alun cristallisé contient donc 54g d'aluminium, 78g de potassium, 288 + 96 ou 384g de $SO^3 + O$ et 432g d'eau, ce qui donne, en pourcentage,

$\frac{54 \times 100}{948} = 5,7$	Aluminium. . . .	5,7
$\frac{78 \times 100}{948} = 8,22$	Potassium	8,22
$\frac{384 \times 100}{948} = 40,5$	$SO^3 + O$	40,5
$\frac{432 \times 100}{948} = 45,57$	H^2O	45,57
	Total :	99,99

résultats peu différents de ceux de Berzélius.

41. *Quel est le poids moléculaire et quelle est la formule moléculaire de l'acide acétique, sachant que l'analyse a conduit à la formule brute* $C^nH^{2n}O^n$ *et que son sel d'argent contient* 64,7 % *de ce métal ?*

Poids atomiques : O = 16 ; C = 12 ; Ag = 108.

Si l'acide acétique est monobasique, le poids moléculaire de l'acétate d'argent peut se déduire immédiatement du poids d'argent qu'il contient, d'après la proportion

$$\frac{64,7}{100} = \frac{108}{M},$$

d'où $$M = 167.$$

Et, comme l'argent monovalent s'est substitué à 1 atome d'hydrogène de l'acide, on a l'égalité

$$C^nH^{2n-1}O^n + Ag = 167 ;$$

d'ailleurs, $$Ag = 108,$$

d'où $$C^nH^{2n-1}O^n = 59,$$

ou encore $$12n + 2n - 1 + 16n = 59,$$

et le poids moléculaire vaut

$$30n = 60,$$

d'où l'on déduit $$n = \frac{60}{30} = 2.$$

Dès lors la formule $C^nH^{2n}O^n$ devient $C^2H^4O^2$.

Si, par la méthode de la densité de vapeur ($M = d \times 28,8$) ou par la loi de Raoult, on trouve également 60 pour poids moléculaire de l'acide acétique, c'est que cet acide est réellement monobasique.

42. *Beckmann a trouvé en 1890 que, pour une dissolution de* $1^g,4475$ *de phosphore dans* $54^g,65$ *de sulfure de carbone, le point d'ébullition de ce liquide s'élevait de* $0^\circ,486$. *Conclure de cette expérience le poids moléculaire du phosphore et son atomicité.*

Poids atomique du phosphore, 31.

Constante ébullioscopique pour 100^g *de* CS^2, 23,70.

La loi de Raoult $\left(\Delta = k\frac{p}{PM}\right)$ donne immédiatement

$$M = \frac{23,70 \times 1,4475}{54,65 \times 0,486} = 120.$$

Le poids atomique du phosphore étant 31, le nombre d'atomes contenus dans sa molécule est $\frac{120}{31} = 4$ (en nombre entier), et le phosphore est tétratomique.

43. *Une dissolution de* $0^g,452$ *d'essence d'amandes amères dans* 100^g *d'acide acétique cristallisable a abaissé de* $0^\circ,162$ *le point de congélation de ce dissolvant. D'autre part, l'analyse de l'essence a donné pour composition centésimale :* $C = 79,24$; $H = 5,66$ et $O = 15,09$. *Quel est le poids moléculaire et quelle est la formule de cette substance?*

Constante cryoscopique de l'acide acétique, $k = 39$.

Poids atomiques : $H = 1$; $O = 16$; $C = 12$.

1° La loi de Raoult $\Delta = \frac{kp}{M}$ donne immédiatement

$$M = \frac{39 \times 0,452}{0,162} = 108,8.$$

2° Les nombres d'atomes qui composent la molécule seront

proportionnels aux quotients

$$\frac{79,24}{12} = 6,60 \quad \text{pour le carbone,}$$

$$\frac{5,66}{1} = 5,66 \quad \text{pour l'hydrogène,}$$

$$\frac{15,09}{16} = 0,943 \quad \text{pour l'oxygène.}$$

Or, ces quotients sont eux-mêmes entre eux comme les nombres entiers 1, 6, 7 ; la formule brute sera donc $C^{7n}H^{6n}O^{n}$.

Exprimons que le poids moléculaire est approximativement 108 :

$$n[(7 \times 12) + 6 + 16] = 108,$$

ou

$$106n = 108,$$

ce qui donne pour valeur entière de n le nombre 1 et pour formule C^7H^6O, ou mieux C^6H^5COH, l'essence d'amandes amères étant un aldéhyde benzylique.

44. *L'hydrazine renferme, d'après Curtius qui la découvrit, 87,4 % d'azote et 12,6 % d'hydrogène. Elle forme deux chlorures dont la composition centésimale est pour l'un,* Az = 26,06, H = 6,01, Cl = 67,51, *et pour l'autre,* Az = 40,08, H = 7,71, Cl = 51,86.

Quelle est la formule moléculaire de l'hydrazine (*) ?

Poids atomiques : Az = 14 ; Cl = 35,5.

1° Les quotients $\frac{87,4}{14} = 6,2(Az)$, $\frac{12,6}{1} = 12,6(H)$ et le rapport $\frac{6,2}{12,6} = \frac{1}{2}$ environ donnent la formule brute Az^nH^{2n} pour l'hydrazine.

2° Un calcul analogue

$$\frac{26,06}{14} = 1,02(Az), \qquad \frac{6,01}{1} = 6,01(H), \qquad \frac{67,51}{35,5} = 1,9(Cl)$$

(*) *Éléments de Stœchiométrie*, par J. Biehringer. Librairie Vieweg, Brunswick.

conduit à la formule AzH^3Cl pour le premier chlorure et à la formule AzH^2 pour l'hydrazine.

3° De même, les rapports

$$\frac{40,95}{14} = 2,92(Az), \qquad \frac{7,71}{1} = 7,71(H), \qquad \frac{51,86}{35,5} = 1,45(Cl)$$

donnent la formule Az^2H^5Cl pour le second sel et la formule Az^2H^4 pour l'hydrazine.

Mais ce second sel contenant moins de chlore que le précédent dans sa composition centésimale, est évidemment un monochlorure, tandis que le premier sel est un bichlorure; la formule de ce premier sel doit donc s'écrire $Az^2H^6Cl^2$ et la formule moléculaire de l'hydrazine est Az^2H^4.

La densité de vapeur théorique est $\frac{32}{28,8} = 1,10$, nombre vérifié par Curtius.

45. *Une mesure ébullioscopique faite sur une dissolution de* 1g,8 *de résorcine dans* 100g *d'éther a donné* 0°,34 *pour élévation de température du point normal d'ébullition de l'éther.*

Quel est le poids moléculaire de la résorcine, sachant que la molécule-gramme d'un corps dissous dans 2110g *d'éther fait élever de* 1° *le point d'ébullition de ce dissolvant?*

D'après la loi de Raoult, l'excès de température au-dessus du point normal d'ébullition est proportionnel au poids du corps dissous et en raison inverse de son poids moléculaire et du poids du dissolvant; on a donc

$$0,34 = \frac{2110 \times 1,8}{M \times 100},$$

d'où

$$M = 100.$$

En réalité, la molécule-gramme de résorcine $C^6H^6O^2$ pèse 110g. La différence entre les deux nombres est de celles qu'on peut attribuer aux défauts de toute expérience.

46. *On fait un mélange de* 62g,014 *d'acide acétique et de* 0g,0256 *d'un autre acide de la même série; la cristallisation s'est opérée à 16°,277. Sachant que l'acide acétique employé cristallise à 16°,490 et que l'abaissement moléculaire est 38600 pour ce dissolvant, on demande le poids moléculaire du second acide et sa formule.*

Poids atomiques : O = 16 ; C = 12.

L'abaissement du point de congélation pour 62g,014 d'acide acétique employé est 16°,490 — 16°,277 = 0°,213.

Appliquons la loi de Raoult $\left(\Delta = \frac{k.p}{PM}\right)$; il vient

$$0,213 = \frac{38\,600 \times 0,0256}{62,014 \times M},$$

équation d'où nous tirons la valeur M de la molécule-gramme

$$M = \frac{38\,600 \times 0,0256}{0,213 \times 62,014} = 74,2.$$

Or, la formule générale des acides de la série grasse a pour expression $C^nH^{2n}O^2$; on a donc

$$12n + 2n + 32 = 74,$$

d'où l'on tire $n = 3.$

Cette valeur donne pour l'acide la formule $C^3H^6O^2$, ou mieux $C^2H^5.CO.OH$, qui est la formule de l'acide propionique.

47. *Établir, d'après l'expérience cryoscopique suivante, la basicité de l'acide carbonique :*

3 grammes de carbonate neutre de sodium dissous dans 100g d'eau produisent un abaissement de congélation de 1°,13. On sait d'autre part que l'abaissement moléculaire relatif aux sels des métaux monovalents est, d'après Raoult, 35 lorsque l'acide est monobasique et 40 lorsque l'acide est bibasique.

Poids atomiques : Na = 23; C = 12; O = 16.

Si l'acide est monobasique, son sel renferme 23 de sodium et le poids moléculaire de ce sel est

$$12 + (3 \times 16) + 23 = 83.$$

Or, l'abaissement moléculaire correspondant au poids 83g serait

$$\frac{1,13 \times 83}{3} = 31,2,$$

nombre assez éloigné de 35 relatif aux acides monobasiques.

Mais si l'acide est bibasique, la formule CO^3Na^2 de son sel neutre de sodium correspond à un poids moléculaire

$$12 + 3 \times 16 + 46 = 106$$

et le coefficient cryoscopique est alors

$$\frac{1,13 \times 106}{3} = 39,9,$$

nombre très voisin de 40 relatif aux acides bibasiques.

Donc l'acide carbonique est bibasique et ses sels ont pour formule CO^3M^2 si le métal est monovalent.

48. *On fait dissoudre* 1g *de chlorure de mercure dans* 100g *d'eau et l'on constate un abaissement du point de congélation égal à* 0°,166.

Sachant que l'abaissement moléculaire des chlorures est 35 *si le métal est monovalent et* 45 *si le métal est divalent, on demande la valence du métal dans ce chlorure.*

Poids atomiques : Cl = 35,5; Hg = 200.

L'application de la formule de Raoult $M = \frac{kp}{\Delta}$ donne, pour valeur de la molécule, l'un des deux nombres

$$M = \frac{45}{0,166} = 271,$$

$$M' = \frac{35}{0,166} = 210.$$

Or, la première valeur 271 correspondant à $200 + (2 \times 35,5)$ montre que le mercure est divalent et la formule du composé est $HgCl^2$.

49. *Une solution de sucre de canne contenant* 10^{g} *de sucre par litre donne sur la membrane du dialyseur une pression de* 493^{mm} *à* 0°.

Quel est le poids moléculaire du saccharose?

Si l'on dissout la molécule-gramme dans $22^{l},3$ de liquide, la pression est de 1 atmosphère, d'après la loi de Van't Hoff. D'après cette même loi, les pressions sont proportionnelles aux concentrations, c'est-à-dire aux masses dissoutes dans un même volume, dans un litre par exemple.

Nous aurons donc, en désignant par M la molécule-gramme,

$$\frac{M}{22,3} : 10 = 760 : 493,$$

proportion d'où l'on tire

$$M = \frac{760 \times 223}{493} = 343 \text{ grammes.}$$

La valeur qui correspond à la formule exacte $C^{12}H^{22}O^{11}$ est 342^{g}.

50. *Connaissant les chaleurs spécifiques des corps suivants :* Ag, 0,058 ; Zn, 0,0955 ; Bi, 0,0308, *déterminer, d'après la loi des chaleurs spécifiques de Dulong, les poids atomiques approximatifs de ces éléments.*

Sachant d'autre part que $107^{g},66$ *d'argent,* $32^{g},44$ *de zinc et* $69^{g},16$ *de bismuth se combinent à* $35^{g},5$ *de chlore, on demande de déterminer les poids atomiques exacts de ces mêmes corps, celui du chlore étant* 35,5.

Désignons par a le poids atomique d'un élément, par c sa chaleur spécifique. La loi de Dulong donne la relation (*)

$$a \times c = 6,4 ;$$

on a donc approximativement

(*) On donne quelquefois au produit $a \times c$ le nom de chaleur atomique.

pour l'argent, $a = \frac{6,4}{0,058} = 110,$

pour le zinc, $a' = \frac{6,4}{0,0955} = 67,$

pour le bismuth, $a'' = \frac{6,4}{0,0308} = 208.$

Mais le chlore étant monovalent, formera avec ces métaux un chlorure répondant à l'une des formules $M'Cl$, $M''Cl^2$ ou $M'''Cl^3$, etc. et 35,5 de chlore se combineront avec M, $\frac{M}{2}$ ou $\frac{M}{3}$, etc. de métal.

Or, les nombres 107,66, 32,44, 69,16 sont assez rapprochés des nombres 110, $\frac{67}{2}$, $\frac{208}{3}$.

Les chlorures auront pour formules respectives AgCl, $ZnCl^2$, $BiCl^3$, et les poids atomiques des éléments, argent, zinc, bismuth, auront pour valeurs

$$Ag = 107,66;$$
$$Zn = 32,44 \times 2 = 64,88;$$
$$Bi = 69,16 \times 3 = 207,48.$$

51. *Le poids atomique du cuivre est 64, celui du soufre 32. On demande d'évaluer approximativement les chaleurs spécifiques du soufre, du cuivre et du sulfure de cuivre* CuS.

La loi de Dulong donne :

pour le cuivre $c \times 64 = 6,4$, d'où $c = 0,1$;

pour le soufre $c' \times 32 = 6,4$, d'où $c' = 0,2$.

La loi de Wœstyn donne, en appelant M le poids moléculaire du sulfure de cuivre et C sa chaleur spécifique,

$$CM = ca + c'a'.$$

Or, $ca = c'a' = 6,4,$

d'où $$C(64+32)=6,4\times 2$$
et $$C=0,133.$$

52. *La chaleur moléculaire* (*) *du permanganate de potassium étant* 28,4, *la chaleur spécifique du potassium* 0,166, *celle du manganèse* 0,122, *trouver la chaleur atomique de l'oxygène.*

Poids atomiques : Mn = 55 ; K = 39 ; O = 16.

D'après la loi de Wœstyn, la capacité calorifique de la molécule du composé, c'est-à-dire sa chaleur moléculaire, est égale à la somme des chaleurs atomiques de ses éléments, chacune de ces dernières étant répétée autant de fois que l'élément entre dans le composé.

Par suite, on a pour MnO^4K, en désignant par x la chaleur cherchée,

$$28,4=(55\times 0,122)+(39\times 0,166)+4x,$$

d'où l'on tire $$x=3,78.$$

Remarque. — En prenant la valeur 6,4 pour produit constant ca de la chaleur spécifique par le poids atomique d'un corps solide, on aurait eu l'équation

$$28,4=6,4+6,4+4x,$$

d'où $x=3,8,$ valeur sensiblement égale à 3,78.

§ II. — THERMOCHIMIE

53. *Déterminer la chaleur de formation du chlorure de zinc* $ZnCl^2$ *dissous, sachant que la réaction de l'acide chlorhydrique dissous sur le zinc dégage* $34^c,4$ *et que la chaleur de formation de l'acide chlorhydrique dissous est de* $39^c,3$.

(*) La chaleur moléculaire est le produit CM de la chaleur spécifique par le poids moléculaire du corps.

La réaction de l'acide chlorhydrique sur le zinc est exprimée par l'équation

$$Zn + \underset{\text{dissous}}{2HCl} = \underset{\text{dissous}}{ZnCl^2} + H^2 + 34^c,4\,;$$

mais la décomposition de 2 molécules d'acide chlorhydrique a exigé $2 \times 39,3$ ou $78^c,6$ qui ont été absorbées dans la réaction; la formation de $ZnCl^2$ dissous a donc dégagé

$$34,4 + 78,6 = 113 \quad \text{Calories} (^*).$$

54. *Déterminer la chaleur de formation de l'acétylène* C^2H^2 *d'après les données suivantes :*

Un mélange détonant d'acétylène et d'oxygène dégage dans la bombe calorimétrique $314^c,9$.

La combustion directe du carbone avec l'oxygène dégage $94^c,3$ *et la formation de l'eau,* $H^2 + O = H^2O$ *liquide, dégage* 69^c.

On brûlera complètement l'acétylène en employant 5 volumes d'oxygène pour 2 volumes d'acétylène, et l'on aura l'égalité

$$C^2H^2 + 5O = 2CO^2 + H^2O + 314^c,9.$$

Or la combinaison $2(C + O^2) = 2CO^2$ dégage $2 \times 94,3$ ou $188^c,6$, et la combinaison $H^2 + O = H^2O$ liquide dégage 69^c.

On a donc, en désignant par Q la quantité de chaleur cherchée,

$$314,9 = 2 \times 94,3 + 69 - Q,$$

d'où

$$Q = -57,3.$$

Ainsi l'acétylène absorbe de la chaleur pour se former ; c'est donc un composé endothermique.

(*) En appliquant directement à l'équation du problème le principe et la formule donnés dans les *Préliminaires*, page 7, on aurait :

$$34,4 = \text{Chaleur de formation de } ZnCl^2 \text{ dissous} - \text{Chaleur de formation de } 2HCl \text{ dissous}$$

ou $34,4 = Q - 78,6$ et enfin $Q = 113^c$.

C'est la méthode que nous emploierons dans les problèmes suivants.

55. *Trouver la chaleur de combinaison de l'acide acétique et de l'alcool ordinaire à l'aide des données suivantes :*

$$C^2H^5.OH + O^6 = 2CO^2 + 3H^2O + 325^c,7, \qquad (1)$$

$$C^2H^4O^2 + O^4 = 2CO^2 + 2H^2O + 209^c,4, \qquad (2)$$

$$C^2H^3O^2.C^2H^5 + O^{10} = 4CO^2 + 4H^2O + 537^c,5. \qquad (3)$$

De la combinaison de l'acide acétique et de l'alcool éthylique résulte l'éther éthylacétique :

$$C^2H^5.OH + CH^3.CO.OH = CH^3.CO.OC^2H^5 + H^2O + Q^c.$$

En appliquant le principe de *l'état initial et de l'état final*, on peut dire que la somme des chaleurs de combustion de l'alcool (éq. 1) et de l'acide acétique (éq. 2) est égale à la quantité de chaleur dégagée par la combustion de l'éther acétique augmentée ou diminuée de la chaleur de combinaison de l'alcool et de l'acide, selon que cette combinaison est exothermique ou endothermique ; on a

$$Q + 537,5 = 325,7 + 209,4,$$

d'où

$$Q = -2^c,4.$$

La combinaison se fait donc avec absorption de chaleur.

56. *Déterminer la chaleur de formation de l'acide formique* CH^2O^2 *à partir des éléments, d'après les données suivantes :*

$$C + O^2 = CO^2 + 96960 \text{ calories-grammes}, \qquad (1)$$

$$H^2 + O = \underset{\text{liquide}}{H^2O} + 68360^c; \qquad (2)$$

$$CH^2O^2 + O = CO^2 + H^2O + 65900^c. \qquad (3)$$

Appliquons le principe de l'*équivalence calorifique* des transformations chimiques (*) ; si l'on désigne par q la chaleur de formation de CH^2O^2, on aura, d'après la 3e équation,

$$q + 65900 = 96960 + 68360,$$

d'où

$$q = 99420 \text{ calories}.$$

(*) *Préliminaires* : Corollaire II, page 7.

57. *Déterminer la chaleur de dissolution de l'acide bromhydrique d'après les données suivantes* (*) :

$$\underset{\text{diss.}}{KOH} + \underset{\text{diss.}}{HCl} = \underset{\text{diss.}}{KCl} + \underset{\text{liq.}}{H^2O} + q \text{ calories-grammes,} \quad (1)$$

$$\underset{\text{diss.}}{KOH} + \underset{\text{diss.}}{HBr} = \underset{\text{diss.}}{KBr} + \underset{\text{liq.}}{H^2O} + q \quad \text{—,} \quad (2)$$

$$\underset{\text{diss.}}{KBr} + \underset{\text{gaz}}{Cl} = \underset{\text{diss.}}{KCl} + \underset{\text{diss.}}{Br} + 11\,500^c, \quad (3)$$

$$Br + Aq = \underset{\text{diss.}}{Br} + 500^c, \quad (4)$$

$$H + Br = \underset{\text{gaz}}{HBr} + 8\,400^c, \quad (5)$$

$$H + Cl + Aq = \underset{\text{diss.}}{HCl} + 39\,300^c. \quad (6)$$

De l'équation (3), on tire

$$\text{Ch. de for. de } \underset{\text{diss.}}{KBr} + 11\,500 = \text{Ch. de for. de } \underset{\text{diss.}}{KCl} + \text{Ch. de diss. de Br}$$

et, à cause de l'équation (4),

$$\text{Ch. de for. de } \underset{\text{diss.}}{KCl} - \text{Ch. de for. de } \underset{\text{diss.}}{KBr} = 11\,500 - 500 = 11\,000. \quad (7)$$

D'autre part, l'examen des équations (1) et (2) conduit à l'égalité

$$\text{Ch. de for. de } \underset{\text{diss.}}{KCl} - \text{Ch. de for. de } \underset{\text{diss.}}{HCl} = \text{Ch. de for. } \underset{\text{diss.}}{KBr} - \text{Ch. de for. } \underset{\text{diss.}}{HBr},$$

ou

$$\text{Ch. de for. de } \underset{\text{diss.}}{KCl} - \text{Ch. de for. } \underset{\text{diss.}}{KBr} = \text{Ch. de for. } \underset{\text{diss.}}{HCl} - \text{Ch. de for. } \underset{\text{diss.}}{HBr}$$

et, à cause des équations (7) et (6),

$$11000 = 39\,300 - \text{Ch. de form. de } \underset{\text{diss.}}{HBr},$$

égalité d'où l'on tire

$$\text{Chal. de form. } \underset{\text{diss.}}{HBr} = 39\,300 - 11\,000 = 28\,300^c.$$

En retranchant de ce dernier nombre la chaleur de formation de HBr gazeux, soit $8\,400^c$ (éq. 5), il vient

$$\text{Chaleur de dissolution de HBr} = 28\,300 - 8\,400 = 19\,900^c.$$

(*) On indique la dissolution d'un corps par le symbole + Aq (*aqua*, eau); la formule H^2O est réservée à l'eau qui entre en combinaison.

58. *Déterminer la chaleur de formation de l'acide phosphorique dissous, à partir de l'acide phosphoreux dissous et de l'oxygène, à l'aide des données suivantes :*

Dans un calorimètre en platine qui contient 540g *d'eau de brome à* 17°,2 *on ajoute* 3g *d'acide phosphoreux cristallisé ; la température atteint en quelques secondes son maximum,* 21°,72.

La valeur du calorimètre en eau est 6g.

La chaleur de dissolution de l'acide phosphoreux dans un excès d'eau est $-0^{C},13$.

La chaleur de formation de l'acide bromhydrique dissous, à partir du brome, de l'hydrogène et de l'eau, est $+20^{C},5$.

La chaleur de formation de l'eau est $+69^{C}$.

Poids atomiques : H = 1 ; O = 16 ; P = 31.

(*Concours général de Math. spéciales, 1889* (*).)

Le poids moléculaire de l'acide phosphoreux PO^3H^3 est 82.

La dissolution de cet acide et sa combinaison avec l'oxygène de l'eau en présence du brome est formulée dans l'équation

$$\underset{\text{solide}}{PO^3H^3} + 2Br + \underset{\text{liquide}}{H^2O} = \underset{\text{dissous}}{PO^4H^3} + \underset{\text{dissous}}{2HBr} + Q \text{ Calories.}$$

La valeur de Q peut être calculée d'après l'expérience calorimétrique de l'énoncé ; en effet, les 3g d'acide phosphoreux solide dégagent dans la combinaison

$$(0{,}540 + 0{,}006)(21{,}72 - 17{,}2) = 0{,}546 \times 4{,}52 \text{ Calories.}$$

Les 82g qui représentent la molécule-gramme dégageraient

$$\frac{0{,}546 \times 4{,}52 \times 82}{3} = 67^{C},46.$$

Mais, comme la dissolution de l'acide phosphoreux solide dans l'eau absorbe $0^{C},13$, la réaction de l'acide dissous sur les mêmes corps dégage

$$67^{C},46 + 0^{C},13 = 67^{C},59$$

et on a l'équation

$$\underset{\text{diss.}}{PO^3H^3} + 2Br + \underset{\text{liq.}}{H^2O} = \underset{\text{diss.}}{PO^4H^3} + \underset{\text{diss.}}{2HBr} + 67^{C},59.$$

(*) L'énoncé, donné en équivalents, a été modifié comme l'exigeait la théorie atomique.

Or, si nous appliquons à cette équation le principe de l'*équivalence calorifique* des transformations chimiques, nous pouvons écrire

$67^c,50$ = *Chaleur dégagée par la combinaison* ($PO^3H^3 + O$)
+ *Chaleur dégagée par la formation* 2HBr *dissous*
— *Chaleur dégagée par la formation* H^2O *liquide*.

Or, d'après l'énoncé, on a

$$2Br + 2H + Aq = \underset{diss.}{2HBr} + (2 \times 29^c,5) \quad \text{ou} \quad 59^c;$$

$$H^2 + O = \underset{liq.}{H^2O} + 69^c;$$

d'où l'égalité

$$67,50 = Q + 59 - 69,$$

et enfin

$$Q = 77^c,50.$$

59. *Démontrer que lorsque l'acide sulfhydrique brûle dans la quantité d'oxygène exactement suffisante pour la combustion de l'hydrogène qu'il contient, le dégagement de chaleur est maximum quand il ne se forme pas d'anhydride sulfureux.*

Chaleur de formation de la vapeur d'eau, $+ 58^c,2$; *de l'anhydride sulfureux,* $+ 69^c,2$; *de l'acide sulfhydrique,* $+ 4^c,6$.

(*Lugol.*)

Les molécules qui peuvent se former ou être mises en liberté par la combustion de H^2S sont H^2O, SO^2, H^2, S^2, et l'équation générale de la réaction sera, en poids moléculaires,

$$2H^2S + O^2 = xH^2O + ySO^2 + zH^2 + vS^2, \qquad (1)$$

d'où les équations de condition :

pour l'hydrogène, $4 = 2x + 2z$, (2)

pour le soufre, $2 = y + 2v$, (3)

pour l'oxygène, $2 = x + 2y$, (4)

et, en exprimant ces valeurs en fonction de y,

$$x = 2(1 - y),$$

$$v = \frac{2-y}{2},$$

$$z = 2y.$$

L'équation (1) peut s'écrire

$$2H^2S + O^2 = 2(1-y)H^2O + y \times SO^2 + 2yH^2 + \frac{2-y}{2} \times S^2.$$

La chaleur dégagée Q est alors, en Calories,

$$Q = 2(1-y) \times 58,2 + (y \times 69,2) - (2 \times 4,6) = 107,2 - 47,2y$$

et Q sera évidemment maximum pour $y = 0$, c'est-à-dire lorsqu'il ne se formera pas d'anhydride sulfureux; l'équation exacte, en poids moléculaires, est alors

$$2H^2S + O^2 = 2H^2O + S^2.$$

60. *On a brûlé du méthane dans la bombe calorimétrique en le mélangeant à l'oxygène en quantité suffisante pour que la combustion soit complète. On a recueilli* 1g,615 *d'eau et le gaz carbonique absorbé par la potasse a donné à celle-ci une augmentation de poids égale à* 1g,974. *La chaleur dégagée a été trouvée, toutes corrections faites, égale à* 9C,56. *Déduire de cette expérience la chaleur de formation du méthane. On sait que la réaction* $C + O^2 = CO^2$ *dégage* 94C *et que la réaction* $H^2 + O = H^2O$ *liquide dégage* 69C.

Poids atomiques : C = 12, O = 16.

La combustion complète du méthane est représentée par l'équation

$$\underset{(16)}{CH^4} + 4O = \underset{(44)}{CO^2} + \underset{(36)}{2H^2O} + Q \text{ Calories},$$

qui montre que 44g de gaz carbonique proviennent de 16g de protocarbure d'hydrogène; donc, 1g,974 de gaz carbonique proviennent de

$$\frac{16 \times 1,974}{44} = 0^g,718 \quad \text{de méthane.}$$

Or, ces $0^{g},718$ de méthane produisent en brûlant $9^{C},56$; les 16 grammes qui représentent le poids moléculaire de CH^4 dégageront

$$\frac{9,56 \times 16}{0,718} = 213^{C}.$$

Écrivons maintenant que la quantité de chaleur dégagée est égale à la somme des quantités de chaleurs de formation de $2H^2O$ et de CO^2, diminuée de la chaleur x de formation du méthane ; nous aurons

$$213 = 94 + 2 \times 69 - x,$$

d'où

$$x = 19 \text{ Calories}.$$

61. *En chauffant en tube scellé 2 volumes d'acide iodhydrique gazeux avec du soufre, on obtient 1 volume d'acide sulfhydrique. Si l'on ouvre ensuite le tube sur l'eau, celle-ci remplit le tube à moitié, et, au bout de quelques instants, le liquide se trouble et laisse déposer du soufre. Expliquer cette expérience de Berthelot par les données suivantes :*

$H + I \text{ gaz} = HI - 0^{C},8$; $H^2 + S \text{ gaz} = H^2S \text{ gaz} + 4^{C},6$;

$H + I \text{ gaz} + Aq = HI \text{ dis.} + 18^{C},6$; $H^2 + S \text{ gaz} + Aq = H^2S \text{ dis.} + 9^{C},2$.

Dans la première partie de l'expérience, on a

$$\underset{\text{gaz}}{2HI} + \underset{\text{gaz}}{S} = \underset{\text{gaz}}{H^2S} + 2I + Q^{C}.$$

La valeur de Q est

$$Q = 4,6 - (-2 \times 0,8) = 6^{C},2.$$

Cette valeur étant positive, il y a dégagement de chaleur dans cette réaction. Il n'en serait plus de même si l'on prenait l'acide iodhydrique à l'état de dissolution ; H^2S ne pourrait se former, car c'est la réaction inverse qui dégage de la chaleur ; on a en effet

$$\underset{\text{dissous}}{H^2S} + \underset{\text{solide}}{I^2} = \underset{\text{dissous}}{2HI} + \underset{\text{solide}}{S} + Q'^{C}$$

et la valeur de Q' est

$$Q' = (2 \times 18,6) - 9,2 = 28^{c}.$$

Cette réaction se produit quand on ouvre le tube sur l'eau; elle est due à l'énorme chaleur de dissolution de l'acide iodhydrique, et c'est une conséquence du principe du *travail maximum*.

Remarque. — Dans la première phase de l'expérience, les 4 volumes gazeux 2HI donnent 2 vol. H^2S et dès qu'on ouvre le tube sur l'eau le liquide le remplit à moitié. Puis H^2S en présence de l'iode reproduit l'acide HI, qui se dissout à mesure qu'il se forme; l'eau continue donc à monter dans le tube pendant la seconde phase de l'expérience.

CHAPITRE III

ANALYSE QUANTITATIVE

---

§ I. — ANALYSE DES GAZ. — MÉLANGES GAZEUX. EUDIOMÈTRIE

62. *On fait passer dans un eudiomètre 100^{cm^3} d'un mélange d'hydrogène, de méthane, d'éthylène et d'azote, puis 250^{cm^3} d'oxygène. Après le passage de l'étincelle, il reste 100^{cm^3} de résidu. Un fragment de potasse introduit dans ce résidu en absorbe 105^{cm^3} ; un fragment de phosphore absorbe ensuite 70^{cm^3} du second résidu. Quelle était la proportion des gaz dans le mélange primitif ?*

Les 105^{cm^3} de gaz absorbés par la potasse étant du gaz carbonique, il reste après cette absorption un mélange de $100 - 105$ ou 85^{cm^3} formés d'oxygène et d'azote.

Les 70^{cm^3} absorbés par le phosphore étant de l'oxygène, il reste dans l'eudiomètre $85 - 70$ ou 15^{cm^3} d'azote.

Représentons par x, y, z les volumes respectifs d'hydrogène, de méthane et d'éthylène ; la somme de ces volumes est égale à $100 - 15 = 85^{cm^3}$, d'où l'équation

$$x + y + z = 85 ; \qquad (1)$$

d'autre part, les combinaisons effectuées par l'étincelle sont formulées par les équations

$$H^2 + O = H^2O,$$
$$CH^4 + 4O = CO^2 + 2H^2O,$$
$$C^2H^4 + 6O = 2CO^2 + 2H^2O,$$

qui montrent que l'hydrogène s'est combiné avec la moitié de son volume, soit $\frac{x}{2}$ d'oxygène ; le méthane s'est combiné avec deux fois son volume, soit $2y$ d'oxygène ; l'éthylène s'est combiné avec trois fois son volume, soit $3z$ d'oxygène et, comme le volume d'oxygène combiné est égal à $250 - 70 = 180^{cm^3}$, on a la seconde équation

$$\frac{x}{2} + 2y + 3z = 180. \qquad (2)$$

Enfin les deux dernières réactions montrent que le méthane donne son volume de gaz carbonique et l'éthylène le double de son volume, d'où la troisième équation

$$y + 2z = 105. \qquad (3)$$

On trouve pour solutions :

Volume d'hydrogène, $x = 20^{cm^3}$;
— de méthane, $y = 25^{cm^3}$;
— d'éthylène, $z = 40^{cm^3}$;
— d'azote, $= 15^{cm^3}$.

63. *On traite* $0^g,1$ *de sulfure d'antimoine par un excès d'acide chlorhydrique concentré. Le gaz formé, séché et débarrassé des vapeurs chlorhydriques, est recueilli sur le mercure et mélangé à 10 fois son volume d'air atmosphérique mesuré à 0° et à* 760^{mm} *de pression. Le mélange est enflammé au moyen d'une étincelle électrique. On demande la composition qualitative et quantitative du résidu gazeux séché à nouveau.*

Poids atomiques : Sb = 120 ; S = 32 ; H = 1 ; O = 16.
Densité de l'hydrogène par rapport à l'air, 0,0694.
Poids du litre d'air, $1^g,293$.

L'équation de la réaction de l'acide chlorhydrique sur le sulfure d'antimoine est

$$\underset{(336)}{Sb^2S^3} + 6HCl = 2SbCl^3 + \underset{(102)}{3H^2S}.$$

La masse $0^g,1$ de sulfure d'antimoine fournira donc

$$\frac{102 \times 0,1}{336} = 0^g.0303 \quad \text{d'acide sulfhydrique,}$$

ce qui correspond à un volume de

$$\frac{0,0303}{d \times 1,293} \text{ de litre.}$$

Pour trouver la densité d du gaz H^2S, appliquons la formule

$$m = \frac{2d}{0,0694},$$

dans laquelle $m = 34$;

on a $d = 17 \times 0,0694 = 1,18,$

et, par suite,

$$V = \frac{0,0303}{1,293 \times 1,18} = 20^{cm^3}.$$

Les 200^{cm^3} d'air auxquels ces 20^{cm^3} de gaz sont mélangés contiennent

$$\frac{21 \times 200}{100} = 42^{cm^3} \text{ d'oxygène.}$$

Quand l'étincelle électrique passe à travers ce mélange, dans lequel l'oxygène est évidemment en excès, il se produit de la vapeur d'eau et du gaz sulfureux, d'après l'équation

$$\underset{2\text{ vol.}}{H^2S} + \underset{3\text{ vol.}}{3O} = \underset{2\text{ vol.}}{H^2O} + \underset{2\text{ vol.}}{SO^2},$$

équation qui montre que, pour brûler 2 volumes d'acide sulfhydrique, il faut 3 volumes d'oxygène, ou encore que, pour en brûler 20^{cm^3}, il faut 30^{cm^3} d'oxygène. Il y a donc un excès de 12^{cm^3} d'oxygène qui forme la première portion du résidu gazeux.

La même équation montre aussi que le volume d'anhydride sulfureux formé est égal au volume de gaz sulfhydrique employé, donc 20^{cm^3} ; le troisième gaz non combiné est l'azote, qui occupe un volume de

$$200 - 42 = 158^{cm^3}.$$

En résumé, le résidu gazeux renfermera :

Anhydride sulfureux	SO^2	20^{cm^3},
Oxygène	O	12^{cm^3},
Azote	Az	158^{cm^3}.

Il est du reste facile de passer des volumes aux masses, car les densités des trois gaz peuvent être obtenues par l'intermédiaire de leurs poids moléculaires, qui sont respectivement

$$SO^2 = 64, \qquad O^2 = 32 \qquad \text{et} \qquad Az^2 = 28.$$

64. *On introduit dans un eudiomètre à mercure muni d'un robinet à sa partie supérieure :*

1° *Un volume de chlore égal à* 50^{cm^3} *sous la pression* 738^{mm} ;

2° *Un mélange d'hydrogène et d'oxygène parfaitement desséché, de manière à porter dans l'appareil la pression totale à* 754^{mm} *et le volume total du mélange à* 300^{cm^3}.

On fait passer l'étincelle électrique dans le mélange ; le chlore se combine partie avec l'hydrogène, partie avec l'oxygène et il reste un volume de 12^{cm^3} *d'oxygène non combiné et maintenu à 20° et à la pression* 760^{mm}.

On demande le rapport du poids m de l'hydrogène entré en combinaison avec le chlore, au poids m' de l'hydrogène transformé en eau. La température 20° est restée invariable ainsi que la pression 760^{mm} *pendant la durée de l'expérience.*

La pression p du chlore dans le mélange est donnée par la loi du mélange des gaz :

$$50 \times 738 = 300 \times p,$$

d'où

$$p = 123^{mm}.$$

Comme le chlore et l'hydrogène se combinent à volumes égaux, la pression particulière de l'hydrogène combiné au chlore est aussi

$$p = 123^{mm}.$$

La pression p_1, que les 12^{cm^3} d'oxygène non combinés exerçaient dans le mélange, se déduit de la même loi

$$12 \times 760 = 300 \times p_1,$$

d'où $$p_1 = 30^{mm},4.$$

Enfin, si nous désignons par p' la pression de l'hydrogène qui s'est combiné à l'oxygène, avant le passage de l'étincelle, celle de l'oxygène sera évidemment $\frac{p'}{2}$, puisque le rapport des volumes des deux gaz entrés en combinaison est de 2 à 1.

Écrivons maintenant que la somme des pressions est égale à 754^{mm} ; nous aurons

$$(123 \times 2) + 30,4 + \frac{3p'}{2} = 754,$$

d'où $$p' = 312^{mm}.$$

Comme les masses d'un même volume de gaz sont proportionnelles à leurs forces élastiques, on aura pour valeur du rapport cherché $\frac{m}{m'}$

$$\frac{m}{m'} = \frac{p}{p'} = \frac{123}{312}.$$

Remarque. — Il serait facile de calculer m et m', car on donne la température 20°. Les 50^{cm^3} de chlore se sont combinés à un égal volume d'hydrogène à la pression 738^{mm} et à la température 20° ; ces 50^{cm^3} représentent une masse

$$m = \frac{50 \times 0,069 \times 0,001293 \times 738}{760\left(1 + \frac{20}{273}\right)}$$

et la masse m' vaut

$$m \times \frac{312}{123}.$$

Enfin la masse totale d'hydrogène est la somme $m + m'$.

65. *On introduit dans un eudiomètre en verre muni d'un robinet* *à une extrémité :*

1° Du chlore sec sous la pression 153mm ;

2° Un mélange d'hydrogène et d'oxygène parfaitement desséché et provenant de la décomposition de l'eau par la pile, de manière à porter dans l'appareil la pression totale à 384mm. La température est restée invariable pendant ces opérations, et le volume du mélange est celui que le chlore occupait d'abord.

On fait jaillir l'étincelle électrique dans le mélange ; une partie de l'hydrogène se combine au chlore, le reste à l'oxygène.

Sachant que le poids total de chlore introduit dans l'appareil est 52mgr,7 et que le poids de chlore resté libre après l'inflammation du mélange est 10 milligrammes, on demande de calculer le rapport du poids de l'hydrogène entré en combinaison avec le chlore au poids de l'hydrogène transformé en eau.

La pression du mélange d'hydrogène et d'oxygène est

$$384 - 153 = 231^{mm}.$$

La pression particulière de l'hydrogène est les $\frac{2}{3}$ de 231^{mm}, soit 154^{mm}.

La masse de chlore qui occupe le volume V à la pression 153^{mm} et à la température t étant de $52^{mgr},7$, on a, en désignant par a la masse du litre d'air,

$$0^{gr},0527 = \frac{V \times d \times a \times 153}{760(1 + \alpha t)},$$

et pour la masse d'hydrogène qui occupe le même volume,

$$M = \frac{V \times d' \times a \times 154}{760(1 + \alpha t)};$$

en divisant membre à membre ces deux équations, il vient

$$\frac{M}{0,0527} = \frac{d'}{d} \times \frac{154}{153},$$

et comme le rapport $\frac{d'}{d}$ est égal au rapport $\frac{2}{71}$ des poids moléculaires des deux gaz, on a

$$M = 0^{gr},0527 \times \frac{154}{153} \times \frac{2}{71} = 1^{mgr},497.$$

Quand on a fait jaillir l'étincelle, 52,7 — 10 ou $42^{mg},7$ de chlore se sont combinés avec une partie de l'hydrogène pour former HCl dans la proportion de 35,5 à 1 ; le poids d'hydrogène entré en combinaison est donc

$$\frac{42,7}{35,5} = 1^{mg},202.$$

L'autre partie d'hydrogène s'est combinée à l'oxygène pour former H^2O ; elle est égale à

$$1,497 - 1,202 = 0^{mg},295.$$

Et le rapport des deux poids d'hydrogène est

$$\frac{1,202}{0,295} = 4,08.$$

66. *Un eudiomètre cylindrique, gradué en millimètres, est maintenu fixe et vertical dans une cuve à mercure. Du méthane y occupe* 10^{cm} *et le mercure s'y élève à* 35^{cm} *au-dessus du niveau libre dans la cuve ; les variations de celui-ci sont négligeables. On introduit un volume d'oxygène tel que le mélange occupe* 30^{cm}*. Les gaz sont saturés de vapeur d'eau dont la force élastique maximum à la température constante où se fait l'expérience est équilibrée par* 9^{mm} *de mercure. La hauteur barométrique est* 759^{mm}*.*

On fait passer dans le mélange une étincelle électrique. A quelle hauteur s'élèvera le mercure dans le tube quand l'équilibre sera établi ?

(*Journal de Vuibert.*)

La force élastique du méthane, au début de l'expérience, est

$$75,9 - 0,9 - 35 = 40^{cm}.$$

Quand l'oxygène est introduit, le mélange des gaz et vapeur occupe 30^{cm} au lieu de 10^{cm} ; la pression du méthane devient donc trois fois plus petite, soit $\frac{40}{3}$; la force élastique de la vapeur d'eau reste la même ; la hauteur du mercure n'est plus que 15^{cm} et la force élastique de l'oxygène est

$$75,9 - 0,9 - \frac{40}{3} - 15 = \frac{140^{cm}}{3}.$$

L'étincelle électrique détermine la combinaison du méthane avec l'oxygène, d'après l'équation

$$\underset{2\text{ vol.}}{CH^4} + \underset{4\text{ vol.}}{4O} = \underset{2\text{ vol.}}{CO^2} + \underset{4\text{ vol.}}{2H^2O},$$

équation qui montre qu'à la même pression, un volume de méthane se combine à un volume double d'oxygène ou, ce qui revient au même, qu'un volume de méthane à la pression P se combine à un égal volume d'oxygène à la pression 2P. Or, la pression du méthane étant $\frac{40}{3}$, celle de l'oxygène combiné serait $\frac{80}{3}$.

Il s'ensuit que si le mercure (la combinaison ayant eu lieu) restait au même niveau, il y aurait dans l'éprouvette :

De l'eau, de volume négligeable ;

De la vapeur d'eau de force élastique $F = 9^{mm}$;

Un volume de gaz carbonique égal à celui du méthane à la pression $\frac{40}{3}$;

Un volume d'oxygène, résidu de la réaction, à la pression $\frac{140 - 80}{3} = 20^{cm}$.

Mais le volume du mélange a changé après la combinaison et le mercure est monté d'une hauteur x que nous allons évaluer à l'aide de la loi de Mariotte.

Si l'oxygène et le gaz carbonique occupaient 30^{cm}, leur pression serait

$$\frac{40}{3} + 20 = \frac{100^{cm}}{3}.$$

Mais leur volume occupe dans l'éprouvette, dont la longueur est 45^{cm}, une hauteur $45 - x$, et leur pression est

$$75,9 - 0,9 - x, \qquad \text{ou} \qquad 75 - x.$$

On a donc

$$(45 - x)(75 - x) = 30 \times \frac{100}{3},$$

d'où l'équation

$$x^2 - 120x + 2375 = 0,$$

dont les deux racines sont $x' = 95^{cm}$ et $x'' = 25^{cm}$.

La plus petite racine, inférieure à 45^{cm}, est seule acceptable : c'est la solution demandée.

67. *On fait une analyse du gaz obtenu en faisant passer de la vapeur d'eau et un courant d'air sur du charbon chauffé au rouge (gaz à l'eau) ; les opérations ramenées à 0° et à la pression 76^{cm} ont donné les résultats suivants :*

a) Volume de gaz employé . . . . $97^{cm^3},7$;

b) Volume après absorption de CO^2 *par* KOH. . . $87^{cm^3},5$;

c) Nouveau volume après absorption de CO *par le chlorure cuivreux ammoniacal*. . . . . $68^{cm^3},6$.

d) On prend ensuite 50^{cm^3} *du résidu et on le mélange à* 50^{cm^3} *d'oxygène dans un eudiomètre ; après le passage de l'étincelle, il reste* $40^{cm^3},5$ *de gaz desséché et ramené à la pression* 76^{cm} *et à 0°.*

Déterminer la composition centésimale du gaz à l'eau.

a et *b*) Volume du gaz carbonique

$$97,7 - 87,5 = 10^{cm^3},2.$$

Pourcentage $\dfrac{10,2 \times 100}{97,7} = 10^{cm^3},45.$

c) Volume d'oxyde de carbone

$$87,5 - 68,6 = 18^{cm^3},9.$$

Pourcentage $\dfrac{18,9 \times 100}{97,7} = 19^{cm^3},34.$

d) Volume de gaz disparu après l'étincelle

$$100 - 40,5 = 59^{cm^3},5 ;$$

de ce volume, l'hydrogène occupait les $\frac{2}{3}$, soit $39^{cm^3},666$. Or ces $39^{cm^3},666$ se trouvaient dans 50^{cm^3} de gaz ; par suite $68^{cm^3},6$

en contenaient

$$\frac{39{,}666 \times 68.6}{50} = 54^{cm^3},42.$$

Pourcentage $$\frac{54{,}42 \times 100}{97{,}7} = 55^{cm^3},70.$$

e) La différence entre 100 volumes et la somme des volumes des trois gaz précédents représente le volume occupé par l'azote.

Volume d'azote = $100 - (10{,}45 + 19{,}34 + 55{,}70) = 14^{cm^3},51$.

En définitive, on a pour composition centésimale

CO^2	10,45
CO.	19,34
H	55,70
Az	14,51
	100

68. *Pour avoir la composition centésimale d'un mélange des trois gaz* CO^2, CO *et* H, *obtenus en éteignant du charbon incandescent sous une cloche pleine d'eau, on fait absorber le gaz carbonique par la potasse et on trouve que sur* 100^{cm^3} *de mélange* a^{cm^3} *ont été absorbés. Quelle est la proportion des deux autres gaz, oxyde de carbone et hydrogène, dans le mélange ?*

Désignons par y le volume d'oxyde de carbone et par x le volume d'hydrogène.

Remarquons d'abord que 2 volumes d'anhydride carbonique CO^2 contiennent 2 vol. d'oxygène et que 2 volumes d'oxyde de carbone CO contiennent 1 vol. d'oxygène : cette somme des volumes d'oxygène, provenant de la décomposition de l'eau H^2O, est la moitié du volume d'hydrogène dégagé ; on a donc

$$\text{vol. d'oxygène} = \text{vol. de } CO^2 + \frac{1}{2}\text{ vol. de CO},$$

$$\text{vol. d'hydrogène} = 2 \text{ fois vol. de } CO^2 + \text{vol. de CO},$$

c'est-à-dire $$x = 2a + y.$$

Comme d'ailleurs $$x + y = 100 - a,$$

on en déduit, pour valeurs de x et de y,

$$x = \frac{a + 100}{2},$$

$$y = \frac{100 - 3a}{2}.$$

§ II. — ANALYSE PAR PRÉCIPITATION. — SELS DISSOUS

69. *Un mélange de chlorure et d'iodure d'argent pèse* 10g ; *faisant passer sur ce mélange un courant d'hydrogène, il reste* 6g,8 *d'argent métallique.*

1° *Combien le mélange renfermait-il de chlorure et d'iodure ?*

2° *Combien de chlore et d'iode ?*

Poids atomiques : Ag = 108; Cl = 35,5 ; I = 127.

1° Désignons par x et y les poids respectifs de chlorure et d'iodure ; on a

$$x + y = 10. \tag{1}$$

D'autre part, le poids de la molécule AgCl étant

$$108 + 35{,}5 = 143{,}5$$

et celui de la molécule AgI étant

$$108 + 127 = 235,$$

les poids d'argent contenus dans x et dans y seront respectivement

$$\frac{108x}{143{,}5} \quad \text{et} \quad \frac{108y}{235}.$$

Écrivons maintenant que la somme de ces poids est 6g,8 :

$$\frac{108x}{143{,}5} + \frac{108y}{235} = 6{,}8. \tag{2}$$

Des équations (1) et (2) on tire aisément

$$x = 7^{g}{,}5, \qquad y = 2^{g}{,}5.$$

2° Les $7^g,5$ de chlorure renferment un poids

$$\frac{35,5}{143,5} \times 7,5 = 1^g,9 \quad \text{de chlore.}$$

et les $2^g,5$ d'iodure renferment

$$\frac{127}{235} \times 2.5 = 1^g,3 \quad \text{d'iode.}$$

70. *Un mélange de sulfates de potassium et de sodium pèse $1^g,31$; on le dissout dans l'eau et on verse de l'azotate de baryum dans la dissolution, ce qui produit un précipité pesant $1^g,92$.*

1° *Quelle était la composition du mélange ?*

2° *Combien renfermait-il d'anhydride sulfurique ?*

Poids atomiques : O = 16 ; H = 1 ; S = 32 ; Na = 23 ; K = 39 ; Ba = 137.

1° Les deux réactions de l'azotate de baryum sur les deux sulfates

$$(AzO^3)^2Ba + SO^4K^2 = SO^4Ba + 2AzO^3K,$$
$$(AzO^3)^2Ba + SO^4Na^2 = SO^4Ba + 2AzO^3Na,$$

montrent qu'une molécule de sulfate alcalin produit une molécule de sulfate de baryum.

Cherchons les poids moléculaires des différents sulfates ; on trouve :

$$SO^4Ba = 233,$$
$$SO^4K^2 = 174,$$
$$SO^4Na^2 = 142.$$

Désignons par x le poids du sulfate de potassium et par y le poids du sulfate de sodium ; on a les équations

$$x + y = 1,31,$$
$$\frac{233x}{174} + \frac{233y}{142} = 1,92,$$

d'où l'on tire $x = 0,74$ et $y = 0,57$ environ.

2° Dans 174^g, poids de SO^4K^2, il y a 80^g d'anhydride sulfurique SO^3 ; dans $0^g,74$, il y en aura $\dfrac{80 \times 0,74}{174} = 0^g,34$.

De même, dans le sulfate SO^4Na^2, il y en aura

$$\frac{80 \times 0,57}{142} = 0^g,32.$$

Le mélange renfermait donc

$$0,32 + 0,34 = 0^g,66$$

d'anhydride sulfurique.

71. *On traite par le chlore une solution aqueuse d'urée. La décomposition de l'urée est complète. Il se dégage du gaz carbonique et de l'azote. On les recueille et l'on agite le mélange gazeux avec une solution de potasse en excès. Déduire du volume du résidu : 1° le poids d'urée contenu dans la dissolution ; 2° le volume de chlore qui a décomposé ce poids d'urée.*

On fera le calcul en supposant que le résidu gazeux mesuré à 0° et à la pression 76cm est de $3^l,77$.

La densité de l'hydrogène par rapport à l'air est			0,0695.
—	*l'azote*	—	0,972.
—	*l'oxygène*	—	1,105.
—	*du chlore*	—	2,46.
Le poids du litre d'air à 0° et à 760mm est			$1^g,293$.
Le poids atomique du carbone est			12.

(*Concours général de Première Sciences.*)

Les poids atomiques de l'azote, de l'oxygène et du chlore, dont la connaissance est nécessaire pour la solution du problème, peuvent se déduire de leurs densités et de celle de l'hydrogène ; on a ainsi

$$\text{P. at. de l'azote} \quad \frac{0,972}{0,0695} = 14,$$

$$\text{— de l'oxygène} \quad \frac{1,105}{0,0695} = 16,$$

$$\text{— du chlore} \quad \frac{2,46}{0,0695} = 35,5.$$

1° L'équation qui représente la décomposition de l'urée par

le chlore,

$$\underset{(60)}{COAz^2H^4} + \underset{(213)}{3Cl^2} + H^2O = \underset{(44)}{CO^2} + \underset{(28)}{2Az} + 6HCl,$$

indique que 60 grammes d'urée décomposés par 213ᵍ de chlore dégagent 44ᵍ d'anhydride carbonique et 28ᵍ d'azote.

Le gaz carbonique étant absorbé par la potasse, le poids d'azote restant est

$$3,77 \times 0,972 \times 1,293 = 4^g,738.$$

Ces 4ᵍ,738 représentent une masse d'urée égale à

$$\frac{60 \times 4,738}{28} = 10^g,152.$$

2° Pour décomposer ces 10ᵍ,152 d'urée, il faut un poids de chlore égal à

$$\frac{213 \times 10,152}{60} = 36^g,04,$$

et ce poids représente un volume de

$$\frac{36,04}{2,46 \times 1,293} = 11^l,33.$$

72. *On traite un certain poids d'urée par une solution bouillante et concentrée de potasse caustique. Un des produits de la réaction, que l'on suppose complète, est gazeux et aurait à 0° et à la pression 76ᶜᵐ un volume de 22 litres.*

Quel est le poids d'urée qui a été décomposé et quels sont les poids des produits de la décomposition ?

Densités : de l'oxygène, 1,105; *de l'hydrogène,* 0,0694; *de l'azote,* 0,972.

Poids atomiques : C = 12; K = 39; H = 1; O = 16; Az = 14.

Poids du litre d'air à 0° *et à* 76ᶜᵐ, 1ᵍ,293.

Toute amide traitée par la potasse donne le sel de potassium de l'acide et du gaz ammoniac; l'urée ou carbamide ayant pour formule $CO(AzH^2)^2$, on a la réaction

$$\underset{(60)}{CO(AzH^2)^2} + 2KOH = \underset{(138)}{CO^3K^2} + \underset{(34)}{2AzH^3}.$$

Ainsi 60^{g} d'urée donnent 138^{g} de carbonate de potassium et 34^{g} de gaz ammoniac.

Pour avoir le poids de gaz ammoniac dégagé, il faut connaître la densité de ce gaz ; elle s'obtiendra par la formule

$$m = \frac{2d}{0,0694}$$

et comme le poids moléculaire m de AzH^3 est 17, la densité cherchée est

$$d = \frac{17 \times 0,0694}{2} = 0,59.$$

On aura donc :

Poids de gaz ammoniac $22 \times 1,293 \times 0,59 = 16^{g},77$,

Poids d'urée décomposée $\frac{60 \times 16,77}{34} = 29^{g},6$,

Poids de carbonate formé $\frac{138 \times 29,6}{60} = 68^{g},08$.

73. *On donne un mélange des trois sels* KCl, KBr, KI *et l'on dissout* 1 *gramme de ce mélange dans l'eau. On traite ensuite la solution par l'azotate d'argent qui donne un précipité qu'on sèche et qu'on pèse : le poids est de* 1^{g},599.

Un autre échantillon de 1 *gramme dissous dans l'eau est traité par un excès de brome. On évapore à sec, on reprend par l'eau et on traite par un excès d'azotate d'argent : le poids du précipité n'est plus que* 1^{g},458.

Déduire la composition du mélange.

On donne les rapports des poids molécules-grammes suivants :

$$\frac{AgCl}{KCl} = 1,922; \quad \frac{AgBr}{KBr} = 1,577; \quad \frac{AgI}{KI} = 1,414; \quad \frac{AgBr}{KI} = 1,132.$$

La solution d'azotate d'argent précipite le chlore le brome et l'iode des trois sels à l'état de chlorure, de bromure et d'iodure d'argent ; et chaque molécule d'haloïde est remplacée par une molécule de sel d'argent, d'après la réaction

$$\left.\begin{matrix} KCl \\ KBr \\ KI \end{matrix}\right\} + AzO^3Ag = \left.\begin{matrix} AgCl \\ AgBr \\ AgI \end{matrix}\right\} + AzO^3K.$$

Désignons par x, y, z les poids respectifs de chlorure, de bromure et d'iodure de potassium, et, par convention, supposons que les formules KCl, AgCl, KBr, etc. représentent, dans les égalités suivantes, les poids de leurs molécules-grammes ; nous aurons les équations

$$x + y + z = 1, \qquad (1)$$

$$\frac{AgCl \times x}{KCl} + \frac{AgBr \times y}{KBr} + \frac{AgI \times z}{KI} = 1,599,$$

ou $$1,922x + 1,577y + 1,414z = 1,599. \qquad (2)$$

Dans la seconde partie de l'expérience, on précipite par le brome l'iode de l'iodure de potassium et il se forme une nouvelle quantité de bromure de potassium, de telle sorte qu'une molécule KI est remplacée par une molécule KBr ; à son tour la molécule KBr est remplacée par une molécule AgBr et, en définitive, z grammes d'iodure de potassium ont fait place à $\frac{AgBr \times z}{KI}$ grammes de bromure d'argent. On a donc, après précipitation par l'azotate d'argent,

$$\frac{AgCl \times x}{KCl} + \frac{AgBr \times y}{KBr} + \frac{AgBr \times z}{KI} = 1,458,$$

ou $$1,922x + 1,577y + 1,132z = 1,458. \qquad (3)$$

Le système des équations (1), (2), (3) donne les valeurs suivantes :

Poids de chlorure de potassium		$x = 0^g,3$,
— de bromure	—	$y = 0^g,2$,
— d'iodure	—	$z = 0^g,5$.

74. *Pour analyser un mélange de chlorure de sodium et de chlorure de potassium, on traite $0^g,8775$ de ce mélange par l'acide sulfurique, de manière à obtenir deux sulfates neutres ; le poids* *des sulfates formés est de* $1^g,038$. *Trouver la proportion de chaque chlorure dans* 100^g *de mélange.*

Poids atomiques : Cl = 35,5 ; K = 39 ; Na = 23 ; S = 32 ; O = 16.

Des poids atomiques donnés, on déduit les poids des molécules-grammes :

$$KCl = 74,5 ; \qquad NaCl = 58,5 ;$$
$$SO^4K^2 = 174 ; \qquad SO^4Na^2 = 142.$$

D'autre part, les deux équations de réaction

$$2KCl + SO^4H^2 = SO^4K^2 + 2HCl,$$
$$2NaCl + SO^4H^2 = SO^4Na^2 + 2HCl,$$

montrent que 2 molécules-grammes de chlorure donnent 1 molécule de sulfate. (2KCl = 149 ; 2NaCl = 117.)

Désignons par x le poids de KCl et par y le poids de NaCl contenus dans les $0^g,8775$ soumis à l'analyse ; on a

$$x + y = 0,8775 \qquad (1)$$

et, en écrivant que les poids des sulfates valent $1^g,038$,

$$\frac{174x}{149} + \frac{142y}{117} = 1,038 ; \qquad (2)$$

de ces deux équations, on tire

$$x = 0,6009, \qquad y = 0,2766,$$

ce qui donne pour le pourcentage

68 % de KCl et 32 % de NaCl.

§ III. — ANALYSE ORGANIQUE ORDINAIRE. FORMULE D'UN COMPOSÉ ORGANIQUE

75. *Un gramme de substance organique composée de carbone, d'hydrogène et d'azote a été soumis à l'analyse et a fourni* $2^g,838$ *d'anhydride carbonique et* $0^g,675$ *d'eau.*

Quelle est sa composition centésimale? Peut-on savoir sa formule exacte connaissant la densité de vapeur de cette substance : $d = 3{,}23$?

Poids atomiques : $C = 12$; $H = 1$; $Az = 14$; $O = 16$.

1° *Poids de carbone.* — Le poids moléculaire du gaz carbonique CO^2 est $12 + 32$, soit 44, et le carbone représente les $\frac{12}{44}$ ou les $\frac{3}{11}$ de ce poids. On aura donc

$$\text{Poids de C} = \frac{3}{11} \times 2{,}838 = 0^g{,}774.$$

2° *Poids d'hydrogène.* — Le poids moléculaire de l'eau H^2O étant 18, l'hydrogène représente $\frac{1}{9}$ de ce poids : par suite

$$\text{Poids de H} = \frac{1}{9} \times 0{,}675 = 0^g{,}075.$$

3° *Poids d'azote.* — C'est la différence entre 1 gramme et la somme des deux poids de carbone et d'hydrogène :

$$\text{Poids d'azote} = 1 - (0{,}774 + 0{,}075) = 0^g{,}151.$$

La masse de la substance étant de 1 gramme, nous aurons sa composition centésimale en exprimant les valeurs trouvées en centigrammes, ce qui donne

$$C = 77{,}4,$$
$$H = 7{,}5,$$
$$Az = 15{,}1.$$

Et maintenant, pour trouver la formule brute du corps, il faut calculer les nombres relatifs d'atomes des composants. Divisons les valeurs centésimales par 12, par 1 et par 14, poids atomiques des éléments ; nous obtiendrons :

$$\text{Pour le carbone} \quad \frac{77{,}4}{12} = 6{,}45,$$

$$\text{Pour l'hydrogène} \quad \frac{7{,}5}{1} = 7{,}5.$$

$$\text{Pour l'azote} \quad \frac{15{,}1}{14} = 1{,}07.$$

Si donc nous prenons 1 atome d'azote, nous aurons

$$\frac{7,5}{1,07} = 7 \text{ atomes d'hydrogène,}$$

et

$$\frac{6,45}{1,07} = 6 \text{ atomes de carbone;}$$

par suite, la formule brute de la substance a pour expression $(C^6H^7Az)^n$. Mais connaissant sa densité de vapeur ($d = 3,23$), on en peut déduire son poids moléculaire M d'après la relation connue $M = d \times 28,8$. On aura

$$M = 3,23 \times 28,8 = 93.$$

Faisons maintenant exprimer à la formule $(C^6H^7Az)^n$ le poids moléculaire 93 ; il vient

$$(12 \times 6 + 7 + 14) \times n = 93,$$

soit

$$93n = 93,$$

d'où

$$n = 1.$$

La formule exacte est donc C^6H^7Az; c'est la formule de l'*aniline*.

76. *L'analyse élémentaire de* $0^g,364$ *d'une substance organique composée de carbone, d'hydrogène et d'oxygène fournit* $0^g,528$ *d'anhydride carbonique et* $0^g,252$ *d'eau. D'autre part, la dissolution de* 5^g *de cette substance dans* 100^g *d'eau produit un abaissement du point de congélation égal à* $0°,496$. *Déduire de ces données :*

1° *La composition centésimale de la substance ;*

2° *La formule moléculaire, sachant que pour l'eau l'abaissement moléculaire est égal à* 18,5 *et que les poids atomiques du carbone, de l'hydrogène et de l'oxygène sont respectivement* 12, 1 *et* 16.

(*Bacc. math., Montpellier.*)

1° Le gaz carbonique CO^2 contient

$$\frac{12}{12+32} = \frac{3}{11}$$

de son poids de carbone.

L'eau H^2O contient

$$\frac{2}{2+16} = \frac{1}{9}$$

de son poids d'hydrogène.

La substance organique renfermait donc :

1° en carbone, $\frac{0,528 \times 3}{11} = 0^{gr},144$;

2° en hydrogène, $\frac{0,252}{9} = 0^{gr},028$;

3° en oxygène, $0,364 - (0,144 + 0,028) = 0^{gr},192$.

Il est facile d'en déduire sa composition centésimale :

carbone, $\frac{0,144 \times 100}{0,364} = 39,56$,

hydrogène, $\frac{0,028 \times 100}{0,364} = 7,69$,

oxygène, $\frac{0,192 \times 100}{0,364} = 52,75$.

2° Les nombres relatifs d'atomes des trois composants seront entre eux comme les rapports

$$\frac{144}{12}, \quad \frac{28}{1}, \quad \frac{192}{16},$$

ou 12, 28, 12,

ou encore 3, 7, 3,

nombres obtenus en divisant par le facteur commun 4.

Le symbole représentatif du corps organique est donc de la forme

$$(C^3H^7O^3)^n$$

et son poids moléculaire M est

$$M = n(3.12 + 7.1 + 3.16) = 91n.$$

Mais la loi de Raoult nous apprend que l'abaissement du point de congélation est proportionnel au poids de la substance et inversement proportionnel à son poids moléculaire; par suite on a $\left(\Delta = \frac{km}{M}\right)$

$$0,496 = \frac{18,5 \times 5}{91n}.$$

On en déduit $n = 2$ environ, les erreurs d'expérience pouvant expliquer la légère différence.

La formule demandée est donc

$$2C^3H^7O^3 = C^6H^{14}O^6,$$

qui est la formule de la *mannite*, alcool hexatomique.

(*Journal de Vuibert.*)

77. *L'analyse élémentaire d'un acide organique donne pour* 100g *un poids de* 146g,66 *d'anhydride carbonique et un poids de* 59g,94 *d'eau. Quelle est sa composition centésimale?*

Etablir la formule de cet acide, sachant qu'il est monobasique et que le sel d'argent qu'il forme renferme 64g,67 *d'argent par* 100g *de sel.*

Calculer d'autre part son poids moléculaire à l'aide de sa densité de vapeur, qui est 2,077.

Poids atomiques : C = 12; Ag = 108; H = 1; O = 16.

(*Concours général de Première Sciences.*)

L'analyse élémentaire transforme le carbone de l'acide organique en gaz carbonique CO^2 et l'hydrogène en eau H^2O.

La molécule CO^2 renferme

$$\frac{12}{12+32} \quad \text{ou} \quad \frac{3}{11}$$

de carbone.

La molécule H^2O renferme

$$\frac{2}{2+16} \quad \text{ou} \quad \frac{1}{9}$$

d'hydrogène en poids.

Les quantités de carbone et d'hydrogène renfermées dans 100g de la matière organique seront donc

$$\frac{146,66 \times 3}{11} = 40^{g} \text{ de carbone}$$

et $$\frac{59,94}{9} = 6^{g},66 \text{ d'hydrogène.}$$

Le poids d'oxygène sera la différence

$$100 - 40 - 6,66 = 53^{g},34.$$

Ces trois nombres représentent la composition centésimale de l'acide.

L'acide étant monobasique a pour formule $R - CO - OH$ et son sel d'argent $R - CO - OAg$, R étant un radical carburé.

Soit x le poids moléculaire de ce radical. On a, en remplaçant les symboles par les poids atomiques, $(CO - OAg = 152)$,

$$\frac{108}{x + 152} = \frac{64,67}{100},$$

d'où $$x = 15.$$

Et, comme le radical est de la forme C^nH^m dans laquelle la valeur de C est 12, ce radical ne peut être que le radical méthyle CH^3.

La formule de l'acide est donc $CH^3 - CO - OH$; c'est l'acide acétique. Or, on sait que la densité d'un gaz et son poids moléculaire sont reliés l'un à l'autre par la formule

$$M = \frac{2d}{0,0693} = d \times 28,8;$$

par suite $$M = 2,077 \times 28,8 = 60.$$

Remarque. — Le poids moléculaire aurait pu se tirer directement de la formule trouvée $CH^3 - CO - OH$ sans qu'il soit besoin de la densité de vapeur. Inversement, la densité de vapeur étant donnée et la composition centésimale trouvée, on pouvait en déduire directement la formule moléculaire sans passer par le sel d'argent.

Enfin, remarquons encore que le sel d'argent renfermant 64,67 °/₀ de métal, et qu'un atome d'argent (Ag = 108) ayant remplacé un atome d'hydrogène, le poids moléculaire du sel était $M + 107$, celui de l'acide étant M; on avait donc la proportion

$$\frac{M + 107}{108} = \frac{100}{64{,}07},$$

d'où $$M = 60.$$

Ainsi M pouvait se trouver sans passer par l'intermédiaire de la composition centésimale de l'acide.

78. *Une matière organique azotée est soumise à l'analyse élémentaire. Une première combustion de* $0^g,486$ *de la matière a donné* $1^g,320$ *de gaz carbonique et* $0^g,324$ *d'eau. Une seconde combustion d'un même poids de cette substance a fourni* $36^{cm^3},5$ *d'azote mesurés sur la cuve à eau à la température de* 20° *et à la pression* 765^{mm}. *Enfin, 3 grammes de la substance dissous dans* 100^g *de benzine ont élevé le point d'ébullition de* 0°,24. *On demande d'établir la formule de la substance analysée.*

Poids atomiques : C = 12; O = 16; Az = 14; H = 1.

Tension de la vapeur d'eau à 20°, 17 *millimètres.*

Coefficient de dilatation des gaz, 0,00367.

Constante ébullioscopique de la benzine, 26,7 *pour* 100^g *de liquide.*

Les calculs ordinaires pour trouver les poids des éléments donnent :

pour le carbone, $$\frac{3 \times 1{,}320}{11} = 0^g{,}360\,;$$

— l'hydrogène, $$\frac{0{,}324}{9} = 0^g{,}036\,;$$

— l'azote, $$\frac{36{,}5 \times 28 \times 0{,}001293 \times 748}{28{,}8 \times 760 \times 1{,}0734} = 0^g{,}042\,:$$

— l'oxygène, $$0{,}486 - (0{,}360 + 0{,}036 + 0{,}042) = 0^g{,}048.$$

En divisant ces différents poids par les poids atomiques correspondants 12, 1, 14, 16, on obtient pour les différents éléments les nombres d'atomes proportionnels :

	30	36	3	3
ou	10	12	1	1

qui donnent pour formule C^{10n}

$$C^{10n}H^{12n}Az^{n}O^{n}$$

et pour poids moléculaire

$$(120 + 12 + 14 + 16)n, \quad \text{soit } 162n.$$

Mais on sait, par la loi de Raoult, que ce poids moléculaire est proportionnel au poids de la substance dissoute et en raison inverse de l'abaissement de température du point d'ébullition $\left(\Delta = k\frac{m}{M}\right)$; on a donc

$$162n = \frac{26,7 \times 3}{0,24},$$

$$n = 2,\ldots.$$

La valeur très approchée 2 donne la formule

$$C^{20}H^{24}Az^{2}O^{2},$$

qui se rapporte à la *quinine*.

79. *L'analyse ordinaire d'une substance organique a conduit à la formule brute* $C^{n}H^{n}O^{2n}$. *On sait que cette substance est un acide bibasique et que* 10^{cm^3} *de sa solution aqueuse à* 1°/₀ *sont neutralisés par* $12^{cm^3},4$ *d'une solution de potasse à* 10^{g} *d'hydrate* KOH *par litre. Établir la formule de cet acide.*

Poids atomiques : H = 1 ; O = 16 ; C = 12 ; K = 39.

Des poids atomiques donnés, on déduit les poids des molécules-grammes : $KOH = 56^{g}$ et $C^{n}H^{n}O^{2n} = n \times 45^{g}$. 10^{cm^3} de liqueur acide contiennent $0^{g},1$ de la substance, et $12^{cm^3},4$ de liqueur alcaline contiennent $\frac{10 \times 12,4}{1000}$ ou $0^{g},124$ d'hydrate KOH.

Donc $1^{g},24$ de potasse neutralisent 1^{g} de cet acide.

Mais comme cet acide est bibasique, sa molécule-gramme $45n$ est neutralisée par 2 molécules-grammes 2×56 de KOH.

On a donc la proportion

$$\frac{45n}{2 \times 56} = \frac{1}{1,24},$$

d'où $n = 2$.

La formule demandée est donc $C^2H^2O^4$, qui est celle de l'*acide oxalique*.

§ IV. — ANALYSE VOLUMÉTRIQUE : TITRIMÉTRIE

80. *Une solution d'acide sulfurique traitée par le chlorure de baryum a donné un précipité de* 6g,56 *par* 10cm³ *de liquide acide. On demande quel volume d'eau il faut ajouter à cette solution pour avoir la liqueur sulfurique normale, renfermant* 40g *d'anhydride* SO^3 *par litre.*

Poids atomiques : S = 32; O = 16; Ba = 137.

Le poids de la molécule SO^3 est 80 et celui de la molécule SO^4Ba est 233; par suite 1 gramme de sulfate de baryum correspond à

$\frac{80}{233}$ ou 0g,3432 d'anhydride (facteur de transformation),

et 6g,56 correspondent à

$$6,56 \times 0,3432 = 2^g,2514 \text{ de } SO^3.$$

Un litre de la solution renferme donc 225g,14 d'anhydride sulfurique.

Le volume de la liqueur normale qui renfermerait 225g,14 d'anhydride serait

$$\frac{1 \times 225,14}{40} = 5^l,628.$$

Il faudra donc, pour amener la solution à servir de liqueur normale, ajouter à 1 litre de cette solution 4l,628 d'eau.

81. *Pour neutraliser* 10cm³ *d'une lessive de soude de poids spécifique* 1,072, *on a employé* 17cm³,4 *d'acide chlorhydrique normal. Combien cette solution renferme-t-elle pour cent d'alcali* NaOH ?

L'équation

$$\underset{(36,5)}{HCl} + \underset{(40)}{NaOH} = NaCl + H^2O$$

montre que 36g,5 d'acide chlorhydrique neutralisent 40g de soude ou encore, d'après l'énoncé, que 1 000cm³ de solution normale d'acide neutralisent 40g d'alcali; par suite 17cm³,4 de solution neutraliseront

$$\frac{40 \times 17,4}{1000} = 0^g,696 \text{ de soude.}$$

D'autre part, les 10cm³ de lessive sodique pèsent

$$10 \times 1,072 = 10^g,72,$$

et ces 10g,72 contiennent 0g,696 de soude; donc 100g de solution contiendront

$$\frac{0,696 \times 100}{10,72} = 6^g,5 \text{ de soude.}$$

82. *On a pesé 63g d'acide azotique commercial qu'on a dilué dans une quantité d'eau suffisante pour obtenir un litre de solution acide. 10cm³ de ce liquide ont exigé pour leur saturation, en présence de la phtaléine, 6cm³,2 de soude normale. Quel est le titre de cet acide ?*

Poids de la molécule-gramme AzO^3H. . . . . 63g.

Chaque cm³ de solution alcaline normale sature $\frac{1}{1000}$ de la molécule-gramme AzO^3H, soit 0g,063 de cet acide; donc 6cm³,2 satureront

$$0,063 \times 6,2 = 0^g,3906 \text{ d'acide azotique } AzO^3H.$$

Et comme ces 0g,3906 sont contenus dans 10cm³ de solution acide, le litre en contient 39g,06.

Enfin, les 63g d'acide commercial contiennent 39g,06 d'acide pur; 100g en contiendront

$$\frac{39,06 \times 100}{63} = 62^g.$$

Le titre est donc 62 % en poids.

REMARQUE. — Ce problème donne la méthode à suivre pour obtenir le pourcentage d'acide réel contenu dans un acide commercial. On prend un poids de celui-ci égal à son équivalent acidimétrique en grammes et on l'étend à 1000$^{cm^3}$; le nombre de cm³ de solution normale de soude multiplié par 10 ou le nombre de dixièmes de cm³ indiqué par la graduation de la jauge, nécessaire pour neutraliser 10$^{cm^3}$ de la solution acide, représente le tant pour cent d'acide réel contenu dans l'acide commercial.

83. *Pour connaître le titre d'une solution sodique, on en prend* 10$^{cm^3}$ *auxquels on ajoute* 20$^{cm^3}$ *de solution normale d'acide chlorhydrique ; la nouvelle solution est franchement acide et, pour la neutraliser, il faut employer* 6$^{cm^3}$,5 *de soude normale. Quel est le titre de cette solution ?*

Les 6$^{cm^3}$,5 de solution sodique normale neutralisent 6$^{cm^3}$,5 d'acide normal ; le reste d'acide, c'est-à-dire

$$20 - 6,5 = 13^{cm^3},5,$$

a servi à neutraliser l'alcali contenu dans la solution à titrer.

Or, chaque cm³ d'acide normal neutralise $\frac{40}{1000}$ de soude NaOH ; donc, les 13$^{cm^3}$,5 auront neutralisé

$$\frac{40 \times 13,5}{1000} = 0^g,54 \text{ de NaOH ;}$$

et, comme ces 0^g,54 sont contenus dans 10$^{cm^3}$, la solution à analyser contient 54^g de soude NaOH par litre.

REMARQUE. — La méthode d'analyse *par reste* est une des plus employées en titrimétrie.

84. *Avec* 100^g *de carbonate de sodium cristallisé*

$$(CO^3Na^2 + 10H^2O$$

on veut faire une solution au dixième de carbonate CO^3Na^2. *Dans quel poids d'eau faut-il dissoudre ces 100 grammes ?*

La formule $CO^3Na^2 + 10H^2O$ représente un poids de 286^g de carbonate cristallisé.

La molécule-gramme CO^3Na^2 vaut 106^g.

Les 100 grammes de cristaux contiennent

$$\frac{106 \times 100}{286} = 37^g,06 \text{ de } CO^3Na^2.$$

Écrivons que ces $37^g,06$ représentent le $\frac{1}{10}$ du poids x de la solution :

$$37{,}06 = \frac{x}{10}, \qquad \text{d'où} \qquad x = 370^g,6.$$

Il suffira donc de dissoudre les 100^g de carbonate cristallisé dans $270^g,6$ d'eau.

Remarque. — En définitive, la solution renfermera :

Eau de dissolution	$270^g,6$
Eau de cristallisation 100 — 37,06 ou . .	62, 94
Carbonate CO^3Na^2	37, 06
Et le poids de la solution sera de.	$370^g,60$

dont le dixième est $37^g,06$.

85. *Une solution de soude NaOH au titre de 25 % et pesant 1500^g doit être ramenée au titre de 10 %. Combien faut-il y ajouter d'eau ? Généraliser la question.*

1° Écrivons que le poids de NaOH contenu dans 1500^g est égal au poids de ce même alcali dans x^g de la solution cherchée.

$$0{,}25 \times 1500 = 0{,}10x,$$

d'où

$$x = 3750.$$

Il faut donc ajouter 3750 — 1500 ou 2250^g d'eau.

2° D'une façon générale, soient $\frac{t}{100}$ le premier titre, $\frac{t'}{100}$ le

second $(t > t')$ et m le poids de la solution au titre t; on aura
$$mt = t'x,$$
d'où
$$x = m \times \frac{t}{t'},$$
et le poids M d'eau à ajouter sera $x - m$, c'est-à-dire
$$M = m\left(\frac{t}{t'} - 1\right).$$

86. *Une solution de soude pesant 1500^g^ est au titre 10 %. Quel poids x de soude faut-il y ajouter pour avoir une solution à 25 % ?*

Écrivons que le poids de l'eau est le même dans les deux solutions, l'une de 1500^g^, l'autre de x^g :
$$0,9 \times 1500 = 0,75x,$$
d'où
$$x = 1800^g,$$
et par suite, on ajoutera $1800 - 1500$ ou 300^g^ de soude.

D'une façon générale, en désignant par t et t' les titres $(t > t')$, par m le poids de la solution à transformer et par M le poids d'alcali à ajouter,

on a
$$(100 - t')m = (100 - t)x,$$
d'où
$$x = \frac{100 - t'}{100 - t} \times m$$
et
$$M = x - m = \frac{m(t - t')}{100 - t}.$$

87. *On a deux solutions de soude ; 23^cm3^ de la première a, neutralisent 1^g^ d'acide oxalique cristallisé* $C^2O^4H^2 + 2H^2O$; 11^g^,5 *de la seconde b neutralisent 1^g^ du même acide. On demande dans quelle proportion il faudra mélanger les deux solutions pour obtenir 1 litre de solution normale de soude.*

Poids atomiques : H = 1 ; O = 16 ; C = 12.

La molécule-gramme d'acide oxalique cristallisé $C^2O^4H^2+2H^2O$ pèse 126g.

Celle de soude NaOH pèse 40g.

Mais l'acide oxalique étant bibasique, 40g de soude n'en neutralisent que 63g ; donc pour neutraliser 1g d'acide, il faut $\frac{40}{63}$ de soude. En se reportant à l'énoncé, on voit que

$$1^{cm^3} \text{ de la solution } a \text{ contient } \frac{40}{63\times 23} \text{ de soude ;}$$

$$1^{cm^3} \quad - \quad b \quad - \quad \frac{40}{63\times 11,5} \quad - \quad .$$

De plus, x^{cm^3} de solution a et y^{cm^3} de solution b mélangés devront donner 1 000cm³ contenant 40g de soude ; on aura donc les deux équations

$$x+y=1000,$$

et

$$\frac{40x}{63\times 23}+\frac{40y}{63\times 11,5}=40$$

dont les racines sont

$$x=449^{cm^3} \qquad \text{et} \qquad y=551^{cm^3}.$$

88. *On a employé* 22cm³,5 *de liqueur sulfurique normale* (40g *de* SO^3 *par litre*) *pour neutraliser, en présence d'un indicateur coloré (hélianthine),* 20cm³ *d'une solution de soude. On demande :*

1° *Le poids d'oxyde* Na^2O *et le poids de soude* NaOH *contenus dans un litre de cette solution ;*

2° *Quel volume d'eau il faut ajouter à cette solution sodique pour qu'elle ne renferme plus que* 10g *de soude* NaOH *par litre.*

Poids atomiques : Na = 23 ; H = 1 ; O = 16 ; S = 32

1° Les deux équations

$$\underset{(80)}{SO^3}+\underset{(62)}{Na^2O}=SO^4Na^2,$$

$$\underset{(80+18)}{SO^4H^2}+\underset{(80)}{2NaOH}=SO^4Na^2+2H^2O$$

montrent que 40 d'anhydride SO^3 en poids neutralisent, soit 31 de Na^2O, soit 40 de NaOH.

Or, chaque centimètre cube de la liqueur normale sulfurique renferme 40 milligrammes d'anhydride et neutralise par conséquent 31^{mg} de Na^2O ou 40^{mg} de NaOH ; donc les $22^{cm^3},5$ neutraliseront :

soit $22,5 \times 31 = 697^{mg},5$ d'oxyde Na^2O,

soit $22,5 \times 40 = 900^{mg}$ de soude NaOH.

Ces deux poids d'oxyde et de soude sont contenus dans 20^{cm^3} de la solution à analyser ; un litre de cette solution renfermera donc

soit $\frac{697,5 \times 1000}{20} = 34\,875^{mg}$ ou $34^{g},875$ de Na^2O,

soit $\frac{900 \times 1000}{20} = 45\,000^{mg}$ ou 45^{g} de NaOH.

2° Pour amener cette solution à ne renfermer que 40^{g} de soude par litre (solution normale), il suffit de remarquer qu'une solution normale de soude contenant ces 45^{g} correspondrait à un volume de

$$\frac{1000 \times 45}{40} = 1125^{cm^3}.$$

Il faut donc ajouter 125^{cm^3} d'eau à chaque litre de la solution primitive.

89. *Le chlorure de baryum cristallisé a pour formule* $BaCl^2 + 2H^2O$ (*molécule-gramme* = 244). — *On demande de faire de ce sel une dissolution telle que chaque* cm^3 *de solution précipite* $0^{g},01$ *de sulfate de potassium* ($SO^4K^2 = 174$).

On se sert de cette solution pour doser l'acide sulfurique SO^4H^2. *A quel poids d'acide sulfurique* ($SO^4H^2 = 98$), *d'anhydride sulfurique* ($SO^3 = 80$), *de soufre* ($S = 32$), *équivaudra* 1^{cm^3} *de la liqueur barytique ?* (Liqueur de Harty).

1° Le litre de solution barytique devra, d'après l'énoncé,

précipiter 10g de sulfate de potassium; il devra donc contenir

$$\frac{244 \times 10}{174} = 14^g \text{ de chlorure,}$$

et chaque cm³ de solution barytique précipitera 1 centigramme de SO^4K^2.

2° Or, 1 centigramme de sulfate de potassium équivaut

à $\frac{98 \times 0{,}01}{174} = 0^g{,}00563$ d'acide sulfurique SO^4H^2,

à $\frac{80 \times 0{,}01}{174} = 0^g{,}0046$ d'anhydride sulfurique SO^3,

et à $\frac{32 \times 0{,}01}{174} = 0^g{,}00184$ de soufre.

Donc, les poids correspondants à 1^{cm^3} de la liqueur barytique seront respectivement $0^g{,}00563$ pour l'acide sulfurique, $0^g{,}0046$ pour l'anhydride sulfurique et $0^g{,}00184$ pour le soufre.

90. *Pour connaître le poids de chlore contenu dans une solution de ce gaz, on a procédé de la manière suivante :*

A 50^{cm^3} *de la solution chlorée on ajoute un excès d'iodure de potassium. On verse ensuite dans cette liqueur une solution titrée* (*) *d'hyposulfite de sodium telle que* 1^{cm^3} *de cette liqueur décolore* $0^g{,}0127$ *d'iode libre en présence de l'amidon, et on en a employé* $22^{cm^3}{,}5$.

Dire d'après ces données le poids de chlore contenu dans 1 *litre de la solution chlorée.*

Poids atomiques : Na = 23; S = 32; O = 16; Cl = 35,5; I = 127.

Le poids m d'iode mis en liberté par le chlore est

$$m = 0^g{,}0127 \times 22{,}5.$$

Ce poids équivaut à un poids m' de chlore égal à

(*) Voir page 12 la constitution de la liqueur normale d'hyposulfite de sodium $S^2O^3Na^2 + 5H^2O$.

$$m' = \frac{0{,}0127 \times 22{,}5 \times 35{,}5}{127};$$

par suite, le poids x de chlore contenu dans un litre sera

$$x = \frac{0{,}0127 \times 22{,}5 \times 35{,}5 \times 1\,000}{127 \times 50} = 1^{g},597.$$

91. *Pour doser l'anhydride carbonique de l'air contenu dans une salle, on a préparé deux solutions : l'une, d'acide oxalique dans des proportions telles que* 1^{cm^3} *de cette solution neutralise le même poids de baryte que* 1^{cm^3} *d'anhydride carbonique ; la seconde d'eau de baryte qui, à l'essai, montre que* $0^{cm^3},91$ *de solution oxalique neutralisent* 1^{cm^3} *de cette solution basique.*

Le ballon employé renferme 820^{cm^3} *d'air ramenés à la pression 760 et à la température de 0° ; on a employé* 10^{cm^3} *de solution de baryte et* $8^{cm^3}.5$ *de solution d'acide oxalique. Déterminer la proportion de gaz carbonique contenu dans 1 litre d'air.*

Les $8^{cm^3},5$ de solution acide ont neutralisé

$$\frac{8{,}5}{0{,}91} = 9^{cm^3},34 \text{ d'eau de baryte.}$$

La différence

$$10 - 9{,}34 = 0^{cm^3},66$$

représente l'eau de baryte employée à former avec le gaz carbonique de l'air du carbonate de baryte insoluble.

Ces $0^{cm^3},66$ d'eau de baryte auraient saturé un volume de solution oxalique égal à

$$0{,}66 \times 0{,}91 = 0^{cm^3},6006.$$

Or ce volume représente justement, d'après l'énoncé, le volume de gaz carbonique contenu dans 820^{cm^3} d'air ; par suite, 1000^{cm^3} d'air contiendront

$$\frac{0{,}6006 \times 1000}{820} = 0^{cm^3},732 \text{ de gaz carbonique.}$$

Ainsi, le gaz carbonique représente les 0,000 732 du volume d'air de la salle.

REMARQUE. — L'acide oxalique cristallisé a pour formule $C^2O^4H^2 + 2H^2O$, qui représente 126g. D'autre part, 44g d'anhydride carbonique ou 22l,3 équivalent à ces 126g dans la neutralisation d'un même poids de baryte ; par suite, 1cm³ de gaz carbonique équivaudra à

$$\frac{126}{22\,300} = 0^{g},00562$$

d'acide oxalique cristallisé ; et comme ce poids d'acide doit se trouver dans 1cm³ de solution, celle-ci devra contenir 5g,62 d'acide par litre d'eau.

92. *On intervertit 0g,120 de sucre ordinaire. Quel volume de liqueur de Fehling faut-il employer pour le dosage, sachant que 10cm³ de cette liqueur correspondent à 0g,0526 de glucose ?*

(Certificat d'aptitude au professorat des Écoles normales.)

Le *saccharose* $C^{12}H^{22}O^{11}$, sous l'action des acides étendus, se dédouble en un mélange à poids égaux de deux isomères : le *glucose* et le *lévulose* ; ce mélange porte le nom de sucre interverti :

$$C^{12}H^{22}O^{11} + H^2O = C^6H^{12}O^6 + C^6H^{12}O^6.$$

La liqueur cupropotassique est réduite par le sucre interverti et le mélange des deux solutions donne à l'ébullition un précipité rouge d'oxyde cuivreux.

En prenant les poids moléculaires des corps de l'équation précédente ($C = 12$; $H = 1$; $O = 16$), on trouve que 342g de saccharose donnent 360g de sucre interverti ; par suite, 0g,120 de saccharose en donnera

$$\frac{360 \times 0,12}{342}$$

et le volume de liqueur à employer pour doser cette masse sera

$$\frac{10 \times 360 \times 0,12}{0,0526 \times 342} = 24^{cm^3}.$$

93. *Pour doser les chlorures contenus dans une eau de source, on précipite le chlore à l'état de chlorure d'argent en versant dans 10$^{cm^3}$ de cette eau une solution argentique telle que 10$^{cm^3}$ de liqueur précipitent 1^{mg} de chlore. On demande :*

1° *Le titre de la solution d'azotate d'argent ;*

2° *La quantité de chlorure de sodium contenue dans une eau pour laquelle la précipitation complète du chlore a exigé 6$^{cm^3}$,8 de solution titrée* (*).

Poids atomiques : Ag = 108 ; Cl = 35,5 ; Az = 14 ; O = 16; Na = 23.

1° L'équation

$$\underset{(170)}{AzO^3Ag} + \underset{(58,5)}{NaCl} = AzO^3Na + AgCl$$

montre que 170^{mg} d'azotate d'argent précipitent 35^{mg},5 de chlore contenus dans 58^{mg},5 de chlorure de sodium ; la quantité d'azotate qui précipitera 1^{mg} de chlore sera

$$\frac{170}{35,5} = 4^{mg},79.$$

Et comme cette quantité doit être dissoute dans 10$^{cm^3}$ d'eau, un litre d'eau devra renfermer

$$\frac{4,79 \times 1000}{10} = 479^{mg}$$

d'azotate d'argent ; c'est le titre de la liqueur.

2° Les 6$^{cm^3}$,8 de la solution d'argent précipitent 0^{mg},68 de chlore. Ces 0^{mg},68 de chlore proviennent de

$$\frac{58,5 \times 0,68}{35,5} = 1^{mg},12 \quad \text{de chlorure de sodium;}$$

ce poids est contenu dans 10$^{cm^3}$ d'eau. Par suite, 1 litre d'eau contiendra 112^{mg} de ce chlorure.

94. *Pour analyser un mélange de chlorure de sodium et de*

(*) Pour savoir quand tout le chlore est précipité, on additionne l'eau d'une goutte de chromate jaune de potassium CrO^4K^2 qui vire au rouge dès que tout le chlore est passé à l'état de chlorure d'argent.

chlorure de potassium, on en traite $0^g,8$ *dissous dans l'eau par une solution d'azotate d'argent titrée à* $\frac{1}{10}$ *molécule-gramme par litre;* 115^{cm^3} *de la liqueur titrée sont décomposés. Déterminer, d'après cela, la composition centésimale du mélange.*

On donne les poids atomiques : Na = 23 ; K = 39 ; Cl = 35,5.

(*Concours d'admission à Saint-Cyr.*)

Les réactions de l'azotate d'argent sur les deux chlorures sont formulées par les équations

$$AzO^3Ag + \underset{(74,5)}{KCl} = AzO^3K + AgCl,$$

$$AzO^3Ag + \underset{(58,5)}{NaCl} = AzO^3Na + AgCl,$$

qui montrent que la molécule-gramme d'azotate d'argent est précipitée à l'état de chlorure d'argent, soit par $74^g,5$ de chlorure de potassium, soit par $58^g,5$ de chlorure de sodium.

$\frac{1}{10}$ de molécule-gramme d'azotate contenu dans un litre sera décomposé par $7^g,45$ ou par $5^g,85$ de chlorure, et chaque centimètre cube de cette solution titrée équivaudra à $0^g,00745$ de KCl et $0^g,00585$ de NaCl.

Si nous désignons par x et par y les poids du chlorure de potassium et du chlorure de sodium, les volumes de la solution argentique décomposés par ces poids seront

$$\frac{x}{0,00745} \quad \text{et} \quad \frac{y}{0,00585},$$

d'où les équations

$$\frac{x}{0,00745} + \frac{y}{0,00585} = 115$$

et

$$x + y = 0,8,$$

dont les racines sont $x = 0^g,59$ et $y = 0^g,21$.

Ces valeurs donnent pour composition centésimale du mélange

$$\frac{0{,}59 \times 100}{0{,}8} = 73{,}75 \text{ de chlorure de potassium,}$$

et

$$\frac{0{,}21 \times 100}{0{,}8} = 26{,}25 \text{ de chlorure de sodium.}$$

95. *L'action du permanganate de potassium* ($MnO^4K = 158{,}1$) *sur l'eau oxygénée en présence de l'acide sulfurique peut se traduire par les deux équations suivantes :*

$$2MnO^4K + 3SO^4H^2 = 2SO^4Mn + SO^4K^2 + 3H^2O + O^5, \quad (1)$$

$$O^5 + 5H^2O^2 = 5H^2O + O^5 + O^5. \quad (2)$$

Trouver, d'après cette réaction, combien 1 litre de certaine eau oxygénée du commerce peut dégager de litres d'oxygène, sachant que 10^{cm^3} *de cette eau ayant été ajoutés à* 90^{cm^3} *d'eau acidulée, il a fallu verser* $1^{cm^3},4$ *de solution normale de permanganate pour obtenir la coloration rose persistante dans* 10^{cm^3} *de la solution acidulée.*

Masse du litre d'oxygène, $1^g,42$.

Poids atomique : $O = 16$.

D'après l'équation (1), 2 molécules-grammes de caméléon produisent 5 atomes-grammes d'oxygène, et ces 5 atomes, d'après la 2e réaction, mettent en liberté 5 autres atomes-grammes d'oxygène de l'eau oxygénée. On en conclut que la molécule-gramme de caméléon met en liberté $\frac{5}{2}$ atomes-grammes d'oxygène et que $\frac{1}{5}$ de molécule de caméléon met en liberté $\frac{1}{2}$ atome-gramme d'oxygène de l'eau oxygénée, soit 8 grammes.

On sait d'autre part que 1000^{cm^3} de la liqueur normale de permanganate contiennent justement $\frac{1}{5}$ de la molécule-gramme de ce sel ; donc $1^{cm^3},4$ de solution normale met en liberté

$$\frac{8 \times 1{,}4}{1000} = 0^g{,}0112 \text{ d'oxygène.}$$

Ce poids $0^{g},0112$ d'oxygène est $\frac{1}{10}$ du poids de l'oxygène contenu dans les 10^{cm^3} d'essai ; donc le litre d'eau oxygénée perd dans la réaction $11^{g},2$ d'oxygène, ou encore

$$\frac{11^{g},2}{1,42} = 7^{l},88.$$

Le volume total d'oxygène mis en liberté est d'ailleurs égal à

$$2 \times 7^{l},88 = 15^{l},76.$$

96. *Pour doser rapidement l'urée contenue dans une urine, on met dans un tube gradué 2^{cm^3} de ce liquide avec de l'hypobromite de soude en solution dans un excès d'alcali ; on recueille $8^{cm^3},4$ d'azote mesurés à 0° et à la pression 76. Quel est en grammes le poids d'urée contenu dans un litre d'urine ?*

Poids atomiques : Br = 80 ; Na = 23 ; H = 1 ; O = 16 ; C = 12 ; Az = 14.

L'hypobromite décompose l'urée en gaz carbonique, en azote et en eau, d'après l'équation

$$\underset{(3\times 119)}{3BrONa} + \underset{(60)}{CO(AzH^2)^2} = 3BrNa + CO^2 + \underset{(28)}{Az^2} + 2H^2O.$$

L'anhydride carbonique, dans l'expérience présente, est absorbé par la soude en excès ; reste donc l'azote.

Or, 2^{cm^3} d'urine fournissant $8^{cm^3},4$ d'azote, un litre d'urine donnera $4^{l},2$ d'azote. Ces $4^{l},2$ correspondent à un poids d'urée facile à trouver, en remarquant que 28^{g} d'azote ou $22^{l},3$ proviennent de 60^{g} d'urée. On aura donc comme poids d'urée par litre d'urine :

$$\frac{60 \times 4,2}{22,3} = 11^{g},3.$$

97. *On verse 2^{g} de brome commercial dans une dissolution d'iodure de potassium, de manière à obtenir 200^{cm^3} de liqueur. Reprenant ensuite 20^{cm^3} de cette solution nouvelle, on la traite*

par une dissolution décinormale d'hyposulfite de sodium (24g,8 de $S^2O^3Na^2$ par litre) et il faut employer 25cm³,5 de liqueur titrée pour obtenir la décoloration ; on demande le pourcentage en chlore de ce brome commercial.

Poids atomiques : H = 1 ; O = 16 ; S = 32 ; I = 127 ; Cl = 35,5 ; Na = 23 ; Br = 80.

La réaction

$$2I + 2(S^2O^3Na^2, 5H^2O) = 2NaI + S^4O^6Na^2 + 10H^2O$$

montre que 2 molécules d'hyposulfite transforment 2 atomes d'iode en iodure de sodium.

D'autre part, le brome versé dans l'iodure KI s'est substitué à l'iode, atome par atome. Donc 24g,8 d'hyposulfite ou le $\frac{1}{10}$ de sa molécule-gramme correspondent à $\frac{127^g}{10}$ ou 12g,7 d'iode, ou encore, 1000cm³ de solution titrée correspondent à 12g,7 d'iode et 25cm³,5 correspondent à

$$\frac{25{,}5 \times 12{,}7}{1000} = 0^g{,}32385$$

d'iode transformé en iodure.

Mais les 0g,2 de brome contenus dans les 20cm³ de la liqueur primitive ne peuvent libérer que

$$\frac{127 \times 0{,}2}{80} = 0^g{,}3175 \text{ d'iode ;}$$

il y a donc un excédent d'iode libéré par du chlore. Soient x et $0{,}2 - x$ les masses de chlore et de brome dont le mélange a libéré 0g,32385 d'iode ; on a l'équation

$$\frac{127x}{35{,}5} + \frac{127(0{,}2 - x)}{80} = 0.32385,$$

d'où l'on tire

$$x = 0{,}0032,$$

ce qui correspond en pourcentage à $\frac{100 \times 0{,}0032}{0{,}2}$, soit 1,6 %.

98. *On fait dissoudre 1 gramme d'un échantillon de fer brut*

dans l'acide sulfurique, et on complète la dissolution à 100$^{cm^3}$ avec de l'eau bouillie, refroidie à l'abri de l'air. On prend ensuite 10$^{cm^3}$ de cette solution de sulfate ferreux et on les traite par la solution décinormale de permanganate de potassium. Sachant qu'on a employé 15$^{cm^3}$,5 de celle-ci pour obtenir la coloration rose persistante, on demande le pourcentage de l'échantillon en fer.

La transformation du sel ferreux en sel ferrique se fait d'après la réaction

$$10SO^4Fe + \underset{(316,2)}{2MnO^4K} + 8SO^4H^2 = 5(SO^4)^3Fe^2 + 2SO^4Mn + SO^4K^2 + 8H^2O$$

qui montre que 10 molécules de sel ferreux sont oxydés par 2 molécules de caméléon; 1 molécule de sel ferreux oxigera donc $\frac{1}{5}$ de molécule de ce réactif pour être transformée en sel ferrique ; c'est pourquoi la solution normale de permanganate contient $\frac{1}{5}$ de molécule-gramme soit 31^{g},62 et la solution décinormale 3^{g},162 de cette substance.

Ces 3^{g},162 ou 1000$^{cm^3}$ de solution de caméléon oxydent $\frac{1}{10}$ atome-gramme de fer, soit 5^{g},6 ; par suite 15$^{cm^3}$,5 oxyderont

$$\frac{5,6 \times 15,5}{1000} = 0^{g},086.$$

Ces 0^{g},086 sont contenus dans 10$^{cm^3}$ de solution de sulfate ferreux; donc les 100$^{cm^3}$ de cette dernière contiendront 0^{g},86 de fer.

En définitive, 1^{g} de cet échantillon contient 0^{g},86 de fer, soit 86 %.

99. 1° *La liqueur chlorométrique de Gay-Lussac (solution d'anhydride arsénieux dans l'eau) est composée de telle façon qu'un litre de chlore, dissous dans l'eau, oxyde un litre de cette solution.*

Quel poids d'anhydride arsénieux renferme-t-elle par litre?

2° *La liqueur arsénieuse décinormale est telle qu'un litre de cette liqueur passe à l'état de liqueur arsénique en présence de* 3g,55 *de chlore dissous dans l'eau. Quel poids d'anhydride arsénieux renferme cette liqueur décinormale?*

3° 10cm³ *de la liqueur de Gay-Lussac ont été oxydés par* 16cm³ *d'une solution renfermant* 10g *de chlorure de chaux commercial par litre d'eau. Quel est le titre de ce chlorure? Quelle est l'équivalence de ce titre en grammes de chlore?*

$$As^2O^3 = 198, \quad Cl = 35{,}5.$$

Poids du litre de chlore, 3g,17.

1° Le chlore agit comme oxydant en présence de As^2O^3 et H^2O d'après l'équation

$$\underset{(198)}{As^2O^3} + \underset{(142)}{4Cl} + 2H^2O = As^2O^5 + 4HCl\,;$$

par suite, 3g,17 de chlore oxyderont

$$\frac{198 \times 3.17}{142} = 4^{g},42$$

et 4g,42 est le poids d'anhydride arsénieux par litre de liqueur de Gay-Lussac; chaque cm³ de cette liqueur est oxydé par 1cm³ de chlore à 0° et à la pression 760mm.

2° La liqueur décinormale doit renfermer, d'après l'équation précédente,

$$\frac{198}{4 \times 10} \text{ ou } 4^{g},95 \text{ d'anhydride arsénieux,}$$

et chaque cm³ de cette solution correspond à 0g,00355 de chlore.

3° Puisque 16cm³ de solution étendue de chlorure de chaux correspondent à 10cm³ de chlore, un litre correspond à

$$\frac{10 \times 1000}{16} = 625^{cm^3} \text{ de chlore.}$$

Ces 625cm³ sont contenus dans 10g de chlorure; par suite, 1kg de ce chlorure aura le pouvoir oxydant de

$$\frac{625^{cm^3} \times 1000}{10} = 62^{l},5 \text{ de chlore.}$$

On dit alors que ce chlorure est à 62°,5 (degrés français).

Ces 62^l,5 pèsent

$$62,5 \times 3,17 = 198^g,125,$$

ou encore, 1^{kg} de ce chlorure a le même pouvoir oxydant que 198^g,125 de chlore, c'est-à-dire que 100^g de ce chlorure équivalent à 19^g,80 environ de chlore.

En Angleterre et en Allemagne, on dit que ce chlorure titre 19°,8.

On voit que pour passer des degrés français aux degrés anglais il suffit de multiplier le titre français par 0,317.

SECONDE PARTIE

PROBLÈMES NON RÉSOLUS

§ I. — COMBINAISONS ET DÉCOMPOSITIONS ÉQUATIONS DE RÉACTIONS

1°. — O. — H. — H^2O.

100. Quelle masse d'oxyde de mercure HgO faut-il décomposer par la chaleur pour obtenir 100 litres d'oxygène mesurés à la pression 76^{cm} et à la température 0° ?

(Poids atomiques : Tableau I.) (*)

101. Après avoir décomposé du chlorate de potassium par la chaleur, il reste dans la cornue 75^g de chlorure de potassium. Quelle masse d'oxygène a-t-on recueillie ?

(Poids atomiques : Tableau I.)

102. Un cylindre d'acier dont la capacité est de 8 litres est rempli d'oxygène comprimé. La force élastique du gaz est de 30 atmosphères et sa température 0°. On demande le poids de chlorate de potassium employé pour préparer cette masse de gaz.

Poids atomiques : $O = 16$; $Cl = 35,5$; $K = 39$.

(Bacc. Rennes.)

103. On fait brûler du charbon dans un flacon renfermant 2

(*) Lorsque les poids atomiques ne seront pas dans l'énoncé, on se reportera aux valeurs approchées du Tableau I.

litres d'oxygène. Quel est le poids d'anhydride carbonique CO^2 formé ? Quel est son volume ?

On verse ensuite de l'eau de chaux dans le flacon. Quel est le poids de carbonate de calcium CO^3Ca ainsi formé ?

$$O = 16 ; \quad C = 12 ; \quad Ca = 40.$$

104. En supposant la densité d'une eau oxygénée égale à 1, 4, calculer le volume d'oxygène à 0° et sous la pression 760mm que produirait la décomposition de 1cm³ de cette eau.

105. Après avoir évaporé l'eau d'un flacon ayant servi à la préparation de l'hydrogène, on a recueilli 45g de sulfate de zinc cristallisé $SO^4Zn + 7H^2O$. Quel volume d'hydrogène à 0° et à la pression 76cm est sorti de ce flacon ?

$$H = 1 ; \quad O = 16 ; \quad S = 32 ; \quad Zn = 65.$$

106. On veut gonfler un ballon de 1 500m³ avec de l'hydrogène. Quel poids d'acide sulfurique et quel poids de zinc faut-il employer ?

107. Quels volumes d'oxygène et d'hydrogène mesurés à 15° et à la pression 750mm de mercure obtient-on en décomposant la molécule-gramme d'eau par la pile ?

108. On a produit de l'hydrogène au moyen de zinc pur, et on s'en est servi pour réduire à l'état métallique 1 gramme de bioxyde de cuivre CuO. On demande : 1° combien il faut de litres d'hydrogène pour opérer cette réduction, ce gaz étant recueilli sur l'eau à la pression 765mm et à la température de 20° ; 2° combien de grammes de zinc auront été transformés en sulfate de zinc.

Tension maximum de la vapeur d'eau à 20°. F = 17mm,4.

109. A quel poids se réduit un litre d'eau pesant 1kg,02 quand on en a chassé l'air qu'il contient ? On admet que cet air représente à la pression et à la température normales $\frac{1}{25}$ du volume d'eau et que 100cm³ d'air dissous renferment : 33cm³ d'oxygène et 0cm³,05 de gaz carbonique CO^2 ; le reste est de l'azote. On cherchera les densités de ces gaz par l'intermédiaire de leurs poids moléculaires.

$$H = 1 ; \quad O = 16 ; \quad C = 12 ; \quad Az = 14.$$

110. Une eau de puits tient en dissolution 2g,45 de sulfate de chaux SO^4Ca par hectolitre d'eau. On se propose de rendre cette eau apte au blanchissage en précipitant ce sulfate par le carbonate de sodium CO^3Na^2, d'après l'équation

$$SO^4Ca + CO^3Na^2 = CO^3Ca + SO^4Na^2.$$

Quelle masse de carbonate cristallisé $CO^3Na^2 + 10H^2O$ faut-il employer pour obtenir cette transformation ?

$O = 16$; $S = 32$; $C = 12$; $Na = 23$; $Ca = 40$.

2°. — Cl. — Br. — I.

111. Quel poids de minerai de manganèse contenant 60 °/₀ de bioxyde MnO^2 et quel poids d'acide chlorhydrique en solution, contenant 22 °/₀ en poids d'acide HCl, faut-il employer pour obtenir 10 litres de chlore à 0° et à la pression 76^{cm} ?

112. Quel poids de minerai de manganèse contenant 60 °/₀ de bioxyde MnO^2 faut-il employer pour libérer complètement le chlore contenu dans 100^g de sel marin NaCl ?

113. Combien faut-il employer de litres de chlore mesurés à la pression et à la température normales pour transformer 1^g de phosphore en pentachlorure de phosphore PCl^5 ?

114. Étant donnés 25^g de chlorure mercureux Hg^2Cl^2, combien faut-il de litres de chlore à 15° et sous la pression 756^{mm} pour le convertir en chlorure mercurique $HgCl^2$?

115. A un litre de chlore gazeux et sec, à la pression et à la température normales, on ajoute une solution concentrée de potasse; il se forme du chlorure de potassium et du chlorate de potasse. Écrire la réaction et dire le poids de chlore qui entre dans chacun de ces composés.

Densité du chlore, 2,44.

116. Un mélange de chlorure de potassium et de chlorure de sodium pesant $45^g,43$ est chauffé avec un excès d'acide sulfurique, et le gaz qui se dégage est totalement condensé dans l'eau. La solution aqueuse est ensuite versée sur un excès de zinc et on recueille dans cette expérience $7^{dm^3},803$ de gaz à 0° et 760^{mm}.

1° Formuler les réactions successives.

2° Calculer le poids de chacun des chlorures alcalins.

3° Donner le volume à 0° et 760mm du premier gaz dégagé.

$H = 1$; $Cl = 35,5$; $K = 39$; $Na = 23$.

Densité de l'hydrogène, 0,0694. Poids du litre d'air, 1g,293.

(*École de Physique et de Chimie industrielles de Paris.*)

117. Quel est le poids de minerai de manganèse contenant 64 0/0 de bioxyde MnO^2, nécessaire pour retirer l'iode de 100g d'iodure de potassium : 1° en traitant directement l'iodure par l'acide sulfurique et le bioxyde de manganèse ; 2° en préparant d'abord du chlore par le procédé de Berthollet et en faisant passer ce chlore dans une solution contenant les 100g d'iodure ?

118. Si l'on fait passer un excès de chlore dans une solution d'iodure de potassium, l'iode d'abord mis en liberté se transforme en acide iodique. On demande le poids de chlore nécessaire pour transformer ainsi 100g d'iodure de potassium.

119. Dans une dissolution d'iodure de potassium contenant 8g,3 de ce sel, on fait arriver le produit gazeux provenant de l'action de l'acide chlorhydrique en excès sur 2g,18 de bioxyde de manganèse. Quelle est la composition qualitative et quantitative de la masse résultant de cette opération ?

(BASIN, *Leçons de Chimie.*)

3°. — S. — H^2S. — SO^4H^2. — SO^2.

120. On veut désinfecter une salle de 6m de long, 5m de large, et 3m,50 de haut, en y faisant brûler du soufre. Quel poids de ce corps devra-t-on employer si l'on admet que la désinfection est parfaite lorsque le mélange de gaz restant renferme 15 0/0 de son poids d'anhydride sulfureux ?

On supposera la chambre hermétiquement close.

121. On sature une solution de soude caustique contenant 50g de soude NaOH, à l'aide d'un courant de gaz sulfureux SO^2. Quel est le poids de bisulfite de sodium SO^3HNa ainsi formé ?

A la nouvelle solution de bisulfite, on ajoute 50g de soude NaOH. On demande le poids de sulfite neutre résultant de cette opération.

Enfin, on veut transformer ce sulfite SO^3Na^2 en hyposulfite $S^2O^3Na^2$.

Quel poids de fleur de soufre faudra-t-il ajouter à la dissolution de sulfite pour opérer cette transformation par l'ébullition du mélange?

122. Quel volume d'air, mesuré à 0° et sous la pression 760^{mm} contient la quantité d'oxygène nécessaire à la combustion complète de 100^{g} de pyrite de fer FeS^2, sachant que le fer est transformé en oxyde ferrique Fe^2O^3 et le soufre en anhydride sulfureux SO^2? Quel est le poids de gaz sulfureux résultant de cette combustion?

123. Quelles masses de soufre et de limaille de fer faut-il combiner sous l'action de la chaleur pour obtenir le sulfure FeS nécessaire à la préparation de 10 litres d'acide sulfhydrique?

124. Le gaz sulfureux et le sulfure d'hydrogène se décomposent mutuellement en présence de l'eau. Combien de chacun de ces deux gaz se serait-il neutralisé dans une réaction qui aurait produit 0^{g},32 de soufre? Dire le résultat en poids, puis en volumes, ceux-ci étant mesurés à la température 0° et à la pression 760^{mm}.

125. Quel volume d'acide sulfhydrique, mesuré à 0° et à la pression 760^{mm}, faut-il employer pour précipiter 10^{g} d'acétate de plomb cristallisé $(C^2H^3O^2)^2Pb$, à l'état de sulfure PbS?

126. Selon Marignac, l'acide sulfurique du commerce à 66° Baumé contient $\frac{1}{12}$ de son poids d'eau. On demande quel poids d'anhydride SO^3 il faudra ajouter à 1 litre d'acide dont la densité est 1,84 pour obtenir l'acide répondant à la formule SO^4H^2.

127. Combien 50^{g} de cuivre pur traités par l'acide sulfurique concentré peuvent-ils donner de sulfate de cuivre en cristaux $(SO^4Cu + 5H^2O)$? Quel volume d'anhydride sulfureux mesuré à la pression et à la température normales se dégagera dans cette réaction?

128. L'expérience prouve que, pour être rendus anhydres, 612^{g},5 d'acide sulfurique perdent 112^{g},5 d'eau. Dire si la formule SO^4H^2 est vraie et combien pour cent l'acide contient d'eau.

4°. — Az. — P. — AzH^3. — AzO^3H. — Air.

129. On veut préparer l'azote par l'action de la chaleur sur l'azotite d'ammonium AzO^2AzH^4. Au lieu d'employer directement ce dernier sel, on chauffe un mélange d'azotite de sodium et de chlorure d'ammonium. Combien faudra-t-il prendre de grammes de chacun de ces deux sels pour obtenir 10 litres d'azote?

130. Dans une éprouvette retournée sur le mercure et pleine de ce liquide, on fait arriver 300^{cm^3} d'oxyde azotique, puis 200^{cm^3} d'air et enfin une petite quantité d'eau. On demande ce qui se produira et quel résidu gazeux restera dans l'éprouvette.

(*Bacc. Montpellier.*)

131. Calculer la composition centésimale en poids du mélange gazeux dont il est parlé dans le problème précédent : 1° avant l'introduction de l'eau ; 2° après cette introduction.

132. Quel est le volume d'oxygène qu'il faudrait ajouter à 100^l d'air à 0° et à la pression 760^{mm} pour que le rapport des poids de l'azote et de l'oxygène soit égal à celui qu'offrent ces mêmes éléments dans le protoxyde d'azote Az^2O?

133. L'action de l'acide azotique sur le cuivre donne de l'azotate de cuivre $(AzO^3)^2Cu$, du bioxyde d'azote AzO et de l'eau. Trouver la formule qui exprime cette réaction.

134. Quelle masse d'azotate de sodium faut-il utiliser pour avoir tout l'acide azotique que l'on peut en obtenir, en employant dans ce but 2^{kg} d'acide sulfurique du commerce contenant 96 °/₀ d'acide SO^4H^2? Quelle masse d'acide azotique AzO^3H obtiendra-t-on?

135. Quelle masse de nitrate de sodium AzO^3Na faut-il employer pour obtenir $1^l,3$ d'acide azotique de densité 1,42 contenant 66 °/₀ de son poids d'acide monohydraté AzO^3H?

136. On fait l'analyse de l'air à chaud à l'aide d'une cloche courbe renfermant 60^{cm^3} d'air à la température 15° et à la pression 75^{cm}. Combien faut-il brûler de phosphore et quelle est la masse d'anhydride phosphorique P^2O^5 obtenue par cette combustion?

137. Une personne respire 20 fois par minute et chaque respiration fait pénétrer $\frac{1}{2}$ litre d'air dans les poumons; les résultats de l'analyse de l'air expiré et de l'air inspiré sont résumés dans le tableau suivant :

Air inspiré 100 : Az = 79, O = 21, CO^2 (négligeable).
Air expiré 99 : Az = 79, O = 15,5, CO^2 = 4,5.

On demande, d'après ces données : 1° le poids de gaz carbonique rejeté en 24 heures; 2° le poids d'oxygène utilisé dans l'organisme pendant le même temps.

Densité de l'oxygène, 1,105; du gaz carbonique, 1,529.

138. On veut avoir une solution ammoniacale renfermant 12 °/ₒ en poids de gaz ammoniac. Quelle masse de chlorure d'ammonium devra-t-on employer pour obtenir le gaz nécessaire à la préparation de 1^{kg} de cette solution, et dans quelle masse d'eau devra se faire l'absorption du gaz au sortir du tube à dégagement?

139. La solution ammoniacale du commerce contient environ 30 °/ₒ de son poids de gaz ammoniac. Quel poids de chlorure d'ammonium faut-il employer pour obtenir 1^{kg} d'ammoniaque du commerce?

140. On recueille dans une éprouvette et sur le mercure : 1° le gaz ammoniac provenant de la décomposition de $5^{g},35$ de chlorure d'ammonium; 2° 2261^{cm^3} d'acide chlorhydrique à 0° et sous la pression 760^{mm}. Quel sera le volume du mélange dans l'éprouvette?

(*Bacc. Caen.*)

141. On veut obtenir 100 litres d'azote à 10° et sous la pression 750^{mm} en profitant de l'action du chlore sur l'ammoniaque. Combien faudra-t-il employer de bioxyde de manganèse pour obtenir le chlore nécessaire?

Poids atomiques : Mn = 55 ; Cl = 35,5 ; Az = 14.
Densité de l'hydrogène, 0,0695.
Masse du litre d'air, $1^{g},293$.
Coefficient de dilatation des gaz, $\alpha = 0,00367$.

(*Bacc. Lille.*)

142. Trouver la formule de la réaction du phosphore sur la chaux CaO à une haute température, en supposant qu'on ait constaté qu'il se produit, en cette circonstance, du phosphure de calcium P^2Ca et du phosphate tribasique $(PO^4)^2Ca^3$.

143. On traite 7g,75 de phosphore par l'acide azotique étendu et chaud, puis on évapore le liquide de la cornue et on chauffe le résidu au rouge sombre. Par quelles séries de transformations chimiques passent les produits de la réaction? Quel est le poids du dernier acide formé?

144. Les os contiennent environ 48 % en poids de phosphate de calcium $(PO^4)^2Ca^3$ et 12 % de carbonate CO^3Ca. On demande : 1° combien de grammes de phosphore on pourra retirer de 100kg d'os par le procédé Coignet; 2° combien de kilogrammes d'acide chlorhydrique du commerce contenant 22 % d'acide HCl, il faudra employer pour opérer les transformations nécessaires à cette extraction; 3° combien d'acide sulfurique contenant 96 % d'acide SO^4H^2.

5°. — C. — CO. — CO^2.

145. Un kilogramme d'acide oxalique étant donné, combien obtiendra-t-on d'oxyde de carbone sec à 11° et à la pression 758mm en le traitant par l'acide sulfurique?

Formule de l'acide oxalique cristallisé $C^2O^4H^2, 2H^2O$.

146. On veut remplir des éprouvettes de 125cm³ chacune d'oxyde de carbone mesuré à 16° et à la pression 760mm. On demande les masses nécessaires par éprouvette, soit d'acide oxalique, $C^2H^2O^4 + 2H^2O$, soit d'acide formique CO^2H^2, soit de ferrocyanure de potassium $FeCy^6K^4 + 3H^2O$, pour cette production.

On donne l'équation relative à cette dernière préparation :

$$\underset{(369)}{FeCy^6K^4} + \underset{(588)}{6SO^4H^2} + \underset{(108)}{6H^2O} = \underset{(168)}{6CO} + \underset{(348)}{2SO^4K^2} + \underset{(396)}{3SO^4(AzH^4)^2} + \underset{(152)}{SO^4Fe}$$

147. On mélange, avec son volume de chlore, l'oxyde de carbone obtenu en traitant 20g d'acide formique par l'acide sulfurique, et on expose ce mélange aux rayons du soleil. Quel est le poids de chlorure de carbonyle ainsi formé?

148. La solution chlorhydrique du commerce (esprit de sel) contient environ 22 % en poids d'acide chlorhydrique HCl. Quel poids de cette solution faut-il employer pour préparer 100 litres de gaz carbonique en traitant le marbre CO^3Ca par cet acide HCl ?

149. D'après Boussingault, 1^{m^2} de feuilles d'arbre décompose par heure, sous l'action de la lumière solaire, $1^l,108$ de gaz carbonique CO^2. Calculer le poids de carbone assimilé en 1 heure par une forêt de 10^6 arbres dont chacun porte 40 000 feuilles de 25^{cm^2} de surface. Quel est, en mètres cubes, le volume de ce charbon, sachant que la densité de ce corps, à l'état de charbon de bois, est 1,2 ?

150. On fait passer, dans un tube de porcelaine contenant du charbon et porté à l'incandescence, 10 litres d'anhydride carbonique dont le volume, après ce passage, devient $14^l,543$. Calculer le poids de l'oxyde de carbone et de l'anhydride carbonique qui composent le mélange ainsi obtenu.

Les gaz sont supposés secs et mesurés à 0° et à la pression de 760^{mm}.

Poids atomiques : $C = 12$; $O = 16$.

(*Bacc. Montpellier.*)

6°. — Métaux.

151. Trouver la composition centésimale de chacun des corps suivants :

1. Oxyde de mercure. . . . . HgO
2. Chlorure d'argent . . . . $AgCl$
3. Azotate de potassium . . . . AzO^3K
4. Carbonate de calcium . . . . CO^3Ca
5. Sulfate acide de potassium. . . . . SO^4KH
6. Chlorure de baryum. . . . . $BaCl^2 + 2H^2O$
7. Phosphate de calcium . . . . $PO^4H^2Ca^2$
8. Pyrite de cuivre . . . . $Cu^2S + Fe^2S^3$
9. Stilbite. . . . . $2SiO^3Ca + (SiO^3)^3Al^2 + 5H^2O$
10. Serpentine . . . . $(SiO^3)^4Mg^3H^2$

152. Un morceau de marbre chauffé au blanc a donné 8 litres de gaz carbonique mesurés à 0° et à la pression 760^{mm}. Quelle était la masse de ce carbonate de calcium ?

153. Quel poids de chacun des composés suivants pourra-t-on obtenir avec une pièce de 1 franc d'argent (titre 0,835) : $AgBr$; Ag^2S ; AzO^3Ag ; PO^4Ag^3 ; $P^2O^7Ag^4$?

154. Un morceau de cinabre (HgS) pesant $30^g,75$ a donné par distillation $18^g,7$ de mercure. Quel poids de calomel Hg^2Cl^2 pourrait-on obtenir avec 100^g de ce cinabre?

155. Quel poids de chacun des sels cristallisés suivants pourrait-on obtenir avec une pièce de 5 centimes qui contient 95 % de cuivre?

$SO^4Cu + 5H^2O$, $So^4(AzH^3)^4Cu + H^2O$,
$(AzO^3)^2Cu + 6H^2O$, $C^2H^3O^2Cu + H^2O$.
$CuCl^2 + 2H^2O$,

156. 1° Combien de grammes de chlorure d'argent peut-on obtenir en transformant une pièce de 5 francs, d'abord en azotate d'argent, puis l'azotate en chlorure par l'intermédiaire de l'acide chlorhydrique?

2° Quel sera le prix de revient de ce chlorure si on emploie à sa production de l'acide chlorhydrique contenant 24 % d'acide HCl et coûtant 0 fr. 30 le kilogramme et de l'acide azotique quadrihydraté répondant à la formule $Az^2O^6H^2 + 3H^2O$ au prix de 0 fr. 60 le kilogramme? (On remarquera que l'acide azotique agit sur le cuivre comme sur l'argent de la pièce.)

157. Quel poids de chlorure de sodium faut-il employer pour préparer une tonne de carbonate de sodium cristallisé $CO^3Na^2 + 10H^2O$: 1° par le procédé Leblanc; 2° par le procédé Solvay?

3° Dans le procédé Leblanc, combien pourra-t-on en même temps obtenir de solution d'acide chlorhydrique contenant 20 % de gaz HCl? 4° Dans le procédé Solvay, quel sera le poids de gaz carbonique employé pour obtenir le carbonate?

158. Calculer le volume de solution de soude de densité 1,5 et contenant 48 % de soude NaOH capable de neutraliser 1 litre de solution d'acide chlorhydrique de densité 1,2 et contenant 40 % de gaz HCl.

159. Avec 250^g de carbonate de sodium cristallisé, $CO^3Na^2 + 10H^2O$, on veut faire une solution renfermant 10 % de carbonate CO^3Na^2. Quelle masse d'eau faut-il ajouter à ces 250 grammes?

160. On a traité par l'acide sulfurique 500^{kg} d'argile contenant 20 % d'alumine pure. Combien faut-il ajouter de sulfate de potassium ou de sulfate d'ammonium au composé d'aluminium obtenu pour le transformer en alun cristallisé, et combien obtiendra-t-on d'alun? Faire le calcul pour les deux aluns.

161. En faisant passer un courant de chlore sec sur un mélange d'alumine et de charbon, on a obtenu 1^{kg} de chlorure d'aluminium. On demande : 1° le poids d'alumine décomposé; 2° le poids de chlore employé, mesuré sec à 0° et sous la pression 760^{mm}; 3° le poids de gaz carbonique formé.

162. Le carbure d'aluminium C^3Al^4 mis en présence de l'eau donne du méthane CH^4 et de l'hydrate d'aluminium $Al^2(OH)^6$. Quel volume de méthane mesuré à 0° et à la pression 760^{mm} donnera 1^{kg} de ce carbure ainsi traité?

163. Le bichromate de potassium chauffé avec de l'acide sulfurique donne de l'oxygène et se transforme en sulfate chromique $(SO^4)^3Cr^2$ et en sulfate de potassium SO^4K^2. Écrire l'équation de réaction et trouver le poids d'oxygène que peut fournir 1^{kg} de bichromate par cette réaction.

7°. — Matières organiques.

164. Le degré alcoolique d'un vin mesuré à l'alcoomètre de Gay-Lussac est 10°,2. Quel est le volume de gaz carbonique qui s'est dégagé pendant la fermentation d'une masse de raisin qui a donné une pièce de vin de 225 litres? Quelle est la masse de glucose décomposée? Combien cette pièce de vin pourrait-elle produire d'acide acétique cristallisable?

165. 100^g de bière renferment 3^g,2 d'alcool éthylique, 90^g,75 d'eau, 0^g,15 d'anhydride carbonique et 5^g,9 d'extrait. On demande quel est le poids de gaz carbonique répandu dans l'air, par le fait de la préparation d'un hectolitre de bière de densité 1,015.

166. Un vin contient 10 °/₀ d'alcool qui s'acétifie; 100^{kg} de ce vin se sont ainsi transformés en vinaigre. Quelle est la différence entre le poids d'alcool et le poids d'acide acétique qui s'est produit?

167. On veut obtenir 100^{kg} d'acétate de sodium en transformant l'acétate de calcium $(C^2H^3O^2)^2Ca$ en acétate de sodium $C^2H^3O^2Na + 3H^2O$ par l'intermédiaire du sulfate de sodium cristallisé $SO^4Na^2 + 10H^2O$. Quelle masse de ce dernier sel faut-il employer pour cette transformation?

168. On a saponifié par la potasse 15^{kg} de graisse renfermant en proportions égales les 3 acides gras. Quel est la masse de glycérine mise en liberté ?

169. Quelle est la quantité, en poids, de bichromate de potassium qui fournit l'oxygène nécessaire à la transformation de 100^{g} d'alcool ordinaire en aldéhyde ? Quelle masse d'acétate de calcium faudrait-il réduire pour obtenir la même masse d'aldéhyde ?

(BASIN, *Leçons de Chimie.*)

170. Quel est en poids, le pourcentage en acide acétique pur contenu dans un vinaigre, sachant que $1^{g},5$ de ce liquide a donné, par l'addition de bicarbonate de sodium, $32^{cm},5$ de gaz carbonique mesurés à 0° et à la pression 760^{mm} de mercure ?

171. On chauffe $6^{g},15$ d'oxalate d'ammonium $C^2O^4(AzH^4)^2 + H^2O$ avec un excès d'anhydride phosphorique. Quel est le volume de gaz dégagé, mesuré à 0° et à la pression 760^{mm} de mercure ?

172. On expose à la lumière solaire un mélange d'oxyde de carbone et de chlore ; le produit obtenu est ensuite traité par l'ammoniaque en excès, on obtient $2^{g},25$ d'urée. Quels poids de chlore et d'oxyde de carbone sont entrés en combinaison sous l'action de la lumière ?

§ II. — POIDS ATOMIQUES.

POIDS MOLÉCULAIRES. — FORMULE D'UN CROPS COMPOSÉ. — LOIS DE RAOULT

173. Déterminer le poids moléculaire de chacun des éléments suivants, connaissant leurs densités à l'état de gaz ou de vapeur :

Oxygène,	$d = 1,1052$,	Brome,	$d = 5,57$,
Chlore,	$d = 2,491$,	Phosphore,	$d = 4,4$,
Azote,	$d = 0,967$,	Arsenic,	$d = 10,6$,

174. Déterminer le poids moléculaire de chacun des composés suivants, connaissant leurs densités à l'état de gaz ou de vapeur :

Ammoniac,	0,597 ;	Acétylène,	0,9056 ;
Oxyde azoteux,	1,52 ;	Phosphure d'hydrogène,	1,184 ;
Oxyde de carbone,	0,967 ;	Hydrogène sulfuré,	1,179 ;

175. Le poids atomique de l'hydrogène étant 1, les poids atomiques des corps simples suivants ont pour valeurs (Commission internationale de 1904) :

O = 15,88 ;	Az = 13,93 ;
Cl = 35,18 ;	Fl = 18,9 ;

Tous ces corps étant diatomiques, trouver la densité théorique et le poids du litre de chacun d'eux à la température et à la pression normales.

176. Quel est le poids moléculaire et quelle est la densité de vapeur de chacune des substances suivantes : eau H^2O, ammoniac AzH^3, oxyde de carbone CO, acétylène C^2H^2 ?

On prendra pour valeurs des poids atomiques les valeurs approchées indiquées dans le tableau I.

177. On appelle *volume-gramme*, le volume occupé par 1^g d'un corps à l'état de gaz ou de vapeur, à la pression et à la température normales.

Trouver le volume-gramme des corps suivants dont la molécule est représentée par les symboles H^2, O^2, Az^2, Az^2O, H^2S.

178. Quelle serait la densité de l'air si l'on prenait le poids moléculaire de l'hydrogène pour unité ?

P. at. : H = 1 ; O = 15,88 ; Az = 13,93.

179. Étant donnée la composition centésimale des substances suivantes, trouver la formule moléculaire de chacune d'elles sachant que les exposants des corps simples qui forment chaque molécule sont premiers entre eux :

H = 5,8, O = 94,2.	Az = 30,43, O = 69,57,	Fe = 70, O = 30,
K = 46, Az = 16,4, O = 37,6,	Al = 16, S = 28, O = 56,	C = 74, H = 8,66, Az = 17,33,
K = 28,72, H = 0,74, S = 23,54, O = 47,	Zn = 22,70, S = 11,15, O = 22,28, H^2O = 43,87,	C = 19,04, H = 4,76, S = 25,40, O = 50,80.

180. Un échantillon d'*orthose* a donné à l'analyse la composition centésimale suivante :

SiO^2	65,75
K^2O	14,17
Al^2O^3	18,28
Na^2O	1,44
	= 99,64.

Établir la formule de ce minéral.

181. Même question pour la *labradorite* dont la composition centésimale est :

CaO	12,52
Na^2O	4
Al^2O^3	30,39
SiO^2	53,09
	= 100.

182. Même question pour la *cryolithe* :

Fl	54,16
Na.	32,78
Al	13,06
	= 100.

183. Même question pour la *stilbite* :

SiO^2	57,41	
Al^2O^3.	16,43	= 100.
CaO	8,93	
H^2O	17,23	

184. Même question pour la *topaze du Brésil* :

Si	5,4	
Fl	15,7	= 100.
SiO^2	25,1	
Al^2O^3.	53,8	

185. L'analyse d'un minerai a fourni les résultats suivants en composition centésimale : silice 36,62, alumine 7,53, oxyde de fer 22,18, chaux 31,80, magnésie 1,95. Quelle est la formule générale d'une combinaison isomorphe si R est un symbole divalent et R' un symbole hexavalent ?

(*Diplôme d'études, Berlin.*)

186. Étant donnés les poids atomiques des corps solides suivants : platine, plomb, argent, soufre, phosphore, trouver leurs chaleurs spécifiques, d'après la loi de Dulong et Petit.

Pt = 195 ; Pb = 206 ; Ag = 108 ; S = 32 ; P = 31.

187. Connaissant les chaleurs spécifiques des corps suivants : argent 0,0567, nickel 0,1086, or 0,0324, soufre 0,2026, trouver, par la loi de Dulong et Petit, les valeurs approchées de leurs poids atomiques.

188. La chaleur spécifique du plomb étant 0,0314 et celle du chlorure de plomb $PbCl^2$ 0,0644, en déduire, d'après la loi de Wœstyn, la chaleur spécifique du chlore à l'état solide.

189. L'équivalent électrochimique de l'oxygène est 8, celui du chlore 35,5, de l'argent 108, de l'antimoine 40 ; on sait, d'autre part, que le chlore et l'argent sont monovalents, l'oxygène divalent, l'antimoine trivalent. Quel est le poids atomique de chacun de ces éléments ?

190. Quel est le poids atomique probable du *phosphore*, sachant que l'analyse des composés suivants a donné pour résultats :

Gaz	Densités	Composition en poids
Phosphure d'hydrogène . .	1,15	30,90P + 3H ;
Chlorure de phosphore . .	4,88	30,96P + 106,71Cl ;
Oxyfluorure de phosphore.	3,71	30,96P + 15,960 + 57F.

D'autre part, la densité de vapeur du phosphore étant 4,4, on demande le nombre d'atomes dont se compose sa molécule.

Poids atomiques connus : H = 1, Cl = 35,5 ; F = 57 ; O = 16.

191. Le chlorure de sodium et le chlorure d'argent renferment chacun 1 atome de métal pour 1 atome de chlore. Or, en versant un excès d'une solution d'azotate d'argent dans une solution de sel marin renfermant 0g,585 de ce sel, on a obtenu, par double décomposition, une quantité de chlorure d'argent pesant, à l'état pur et sec, 1g,431. Le poids atomique du sodium étant 23 et celui du chlore 35,5, on demande, d'après ces données, de calculer le poids atomique de l'argent.

(*Bacc. Alger.*)

192. On décompose par la chaleur 20g,5 de chlorate de potassium qui donnent 5l,6 d'oxygène. Le résidu, dissous puis traité par l'azotate d'argent, donne un précipité pesant 26g,7. Sachant que le poids atomique de l'argent est 108 et celui de l'oxygène 16, on demande de calculer, d'après cela, les poids atomiques du chlore et du potassium.

193. Pour obtenir le poids atomique de l'azote, on a fait les trois expériences suivantes : *a*) 314g,0 d'azotate d'argent ont donné 200g d'argent ; *b*) 6g,2 de chlorure de potassium ont précipité à l'état de chlorure 14g,11 d'argent ; *c*) 10g,34 d'argent dissous dans l'acide nitrique ont exigé 5g,12 de chlorure d'ammonium pour obtenir la précipitation entière de l'argent. On suppose connus les poids atomiques : Ag = 108 ; K = 39 ; O = 16 ; Cl = 35,5 ; H = 1. Calculer, d'après ces expériences, le poids atomique moyen de l'azote.

194. On sait que l'aluminium en présence d'une dissolution de potasse forme un aluminate de potassium $Al^2O^6H^4K^2$; or, une masse de 0g,37 d'aluminium, traitée par cette base, a donné 0g,041 d'hydrogène. Trouver le poids atomique de l'aluminium.

195. On a déterminé le poids atomique du silicium par le poids de silice obtenue en traitant le bromure de silicium $SiBr^4$ par l'eau ; deux expériences ont donné pour résultats :

	Poids de $SiBr^4$	Poids de silice
	—	—
1re Exp.	9g,63,	1g,67,
2e Exp.	15g,4,	2g,67.

Trouver le poids atomique du silicium, connaissant les poids atomiques H = 1 ; O = 16 ; Br = 80.

196. Un acide bibasique a pour composition centésimale : phosphore, 37,8 ; oxygène, 58,55 ; hydrogène, 3,65. Quelle est la formule de cet acide ?

197. Un acide organique a pour composition centésimale : carbone, 26,1 ; oxygène, 69,56 ; hydrogène, 4,34 ; son unique sel d'argent a pour poids moléculaire 153. Quelle est la formule de cet acide ?

198. La composition centésimale de la benzine a donné les nombres suivants : carbone = 92,30 ; hydrogène = 7,7. Traitée par le brome, elle donne un premier produit de substitution renfermant 45,8 °/₀ de carbone, 3,2 °/₀ d'hydrogène et 51 °/₀ de brome. Quelle est la formule de la benzine ?

P. at. : H = 1 ; C = 12 ; Br = 80.

199. Liebig et Wöhler, en 1832, ayant analysé l'acide benzoïque ont trouvé la composition centésimale suivante ; carbone, 68,9 ; hydrogène, 5 ; oxygène, 26,1.

D'autre part, l'analyse du benzoate d'argent a donné la composition : carbone, 36,2 ; hydrogène, 2,2 ; oxygène, 14,5 ; argent, 47,1.

Quel est le poids moléculaire de l'acide benzoïque ? Quelle est sa formule, sachant que cet acide est monobasique ?

200. Quel est le poids moléculaire de l'acide acétique, sachant que son analyse a conduit à la formule $C^nH^{2n}O^n$, et que son sel d'argent contient 64,67 °/₀ de ce métal ?

201. 100 grammes d'acide succinique contiennent 40g,68 de carbone, 5g,08 d'hydrogène et 54g,24 d'oxygène. D'autre part, il existe deux succinates de sodium dont l'un contient 28,4 °/₀ et l'autre 16,4 °/₀ de sodium. Trouver le poids moléculaire et la formule de cet acide ?

202. 100 grammes d'aniline renferment 77g,4 de carbone, 7g,5 d'hydrogène et 15g,1 d'azote. D'autre part, 0g,672 de chlorhydrate d'aniline précipitent 0g,741 de chlorure d'argent. Quel est le poids moléculaire de l'aniline ?

203. On a dissous 1g,25 de résorcine dans 100g d'éther ; de ce fait, le point d'ébullition de l'éther a été relevé de 0°,24. On demande le poids moléculaire de la résorcine.

Constante ébullioscopique (*) de l'éther, 21,50.

204. 2g,56 d'iode dissous dans 128g de benzine ont produit une élévation de 0°,39 dans le point d'ébullition de ce dissolvant. Trouver le poids moléculaire de l'iode et son atomicité, sachant que son poids atomique est 127.

Constante ébullioscopique de la benzine, 25.

205. Dans une de ses expériences pour trouver le poids moléculaire du perchlorate de sodium, Raoult dissolvait 8g,038 de ce sel dans 100g d'alcool ; l'élévation du point d'ébullition fut de 0°,76. Quel est, d'après cette expérience, le poids moléculaire du sel ?

Constante ébullioscopique de l'alcool, $k = 11{,}50$.

206. On mélange 0g,54 d'acide propionique avec 63g d'acide acétique ; le point de solidification de ce dernier acide s'est trouvé ainsi abaissé de 0°,45. L'abaissement moléculaire de l'acide acétique étant égal à 3 900, on demande le poids moléculaire de l'acide propionique. Cet acide appartenant à la série grasse, quelle est sa formule ?

207. L'acide acétique cristallise à la température de 16°,75 ; un mélange de cet acide et d'acide benzoïque ne cristallise qu'à 15°,47. Quel est le pourcentage d'acide benzoïque dans ce mélange ?

Constante cryoscopique de l'acide acétique : $k = 39$.

Poids moléculaire de l'acide benzoïque, 122.

208. Quels sont les différents abaissements du degré de solidification de la benzine quand elle contient 2 °/o de l'un des carbures suivants : toluène, xylène, anthracène ?

Constante cryoscopique de la benzine : $k = 49$.

209. La chaleur de fusion C d'un corps est reliée à son abaissement moléculaire K par la formule

$$K = 2 \times \frac{T^2}{C},$$

dans laquelle T est la température absolue du point de fusion. Vérifier, d'après cette formule, la chaleur latente de fusion de la glace ($K = 1850$), la chaleur de fusion du bromure d'éthyle

(*) *Notions préliminaires*, page 4.

$C^2H^4Br^2$ dont le point de solidification est 8° et l'abaissement moléculaire $K' = 11\,800$.

210. La chaleur latente de vaporisation est reliée à la constante ébullioscopique k d'une substance par la relation

$$k = 0{,}02 \times \frac{T^2}{C}.$$

Trouver la constante ébullioscopique de l'éther, sachant que sa chaleur de vaporisation est 90 calories et son point d'ébullition 35° centigrades.

T désigne la température absolue et C la chaleur de vaporisation de la substance.

211. Une matière organique renferme du carbone, de l'hydrogène, de l'oxygène et de l'azote. Trouver sa composition centésimale et sa formule, d'après les résultats suivants fournis par l'analyse :

0g,188 de substance ont donné 0g,48 de CO^2 et 0,077 de H^2O ;
0g,21 — 0g,528 — 0,082 de H^2O ;
0g,1575 — 12cm³,75 d'azote à 15° et à la pression 754mm.
P. at. : H = 1 ; O = 16 ; Az = 14.

212. Une matière organique renferme du carbone, de l'hydrogène, de l'oxygène et du brome ; trouver sa composition et sa formule, d'après les analyses suivantes :

0g,203 de substance ont donné 0,320 de CO^2 et 0g,0615 de H^2O ;
0g,247 — 0,286 de bromure d'argent AgBr.
P. at. : Ag = 108 ; Br = 80 ; H = 1 ; O = 16.

213. L'analyse d'une substance organique a donné les résultats suivants : 0g,373 de substance ont produit : 1g,112 de gaz carbonique et 0g,164 d'eau. L'azote a été converti en ammoniaque et le gaz ammoniac absorbé par HCl a donné 0g,115 de chlorure d'ammonium pour 0g,228 de substance analysée. Trouver la composition centésimale de cette substance et sa formule la plus simple.

P. at. : H = 1 ; O = 16 ; C = 12 ; Az = 14.

214. Une substance purifiée par plusieurs cristallisations successives est soumise aux procédés habituels de l'analyse élémentaire.

Une première combustion de 0g,50 de matière donne 0g,344 de CO^2 et 0g,484 de H^2O.

Une seconde combustion de 0g,250 de la même substance donne

118^{cm^3} d'azote mesurés sur la cuve à eau à 15° et sous la pression 755^{mm}.

Enfin 3^g de la substance dissous dans 100^g d'acétone élèvent le point d'ébullition de 1°,26.

On demande la formule de la substance analysée.

Tension de la vapeur d'eau à 15°, $F = 12^{mm}$.

P. at. : $C = 12$; $O = 16$; $Az = 14$; $H = 1$.

Constante ébullioscopique de l'acétone, 16,8.

215. 684^{mg} d'une substance organique (renfermant carbone, hydrogène, oxygène) soumise à l'analyse élémentaire ont donné :

Anhydride carbonique.	1^g,036
Eau	0^g,396.

La dissolution de 9^g,24 de la substance dans 100^g d'eau a produit un abaissement du point de congélation égal à 0°,5. La combustion de 1^g de la même substance à l'aide de l'oxygène a donné de l'eau à l'état liquide et de l'anhydride carbonique avec un dégagement de chaleur de 3^c,96.

On sait que les masses atomiques du carbone, de l'hydrogène et de l'oxygène sont 12, 1 et 16; que l'abaissement moléculaire du point de congélation pour l'eau prise comme dissolvant est 1850 et que

$$C + O^2 = CO^2 + 94 \text{ Cal.}$$
$$H^2 + O = H^2O \text{ liquide} + 69 \text{ Cal.}$$

Déduire de ces données : 1° la composition centésimale de la substance; 2° sa masse moléculaire; 3° sa formule moléculaire; 4° sa chaleur de formation à partir des éléments.

(Bacc. math., Paris.)

§ III. — THERMOCHIMIE.

216. 1° Calculer la chaleur de formation de l'acide formique CH^2O^2 à partir des éléments, d'après les données suivantes :

$$C + O^2 = CO^2 + 96^c,900,$$
$$H^2 + O = H^2O + 68^c,360,$$
$$CH^2O^2 + O = CO^2 + H^2O + 65^c,900.$$

2° Calculer la chaleur de formation de l'acide cyanhydrique à partir des éléments, d'après les données suivantes :

$$C + O^2 = CO^2 + 96^c,9,$$
$$H^2 + O = H^2O + 68^c,4,$$
$$2CAzH + 5O = 2CO^2 + H^2O + 2Az + 319^c,6.$$

217. Calculer à partir des éléments, la chaleur de formation du méthane CH^4, d'après les données suivantes :

$$C + O^2 = CO^2 + 96^c,9,$$
$$H^2 + O = H^2O + 68^c,4,$$
$$CH^4 + 4O = CO^2 + 2H^2O + 213^c,5.$$

218. L'action de l'ozone sur une dissolution d'iodure de potassium dégage une certaine quantité de chaleur. L'action de l'eau oxygénée en dégage moins. La différence rapportée à une molécule d'iodure est 4. La chaleur de décomposition de l'eau oxygénée est $21^c,6$. Calculer la chaleur de formation de l'ozone.

219. La nitroglycérine $C^3H^5(OAzO^2)^3$ dégage en détonant $361^c,2$ (Berthelot). Quelle est sa chaleur de formation à partir de ses éléments ?

On sait que sa décomposition est exprimée par l'équation

$$2C^3H^5(OAzO^2)^3 = 6CO^2 + 5H^2O + 3Az^2 + O$$

et que la chaleur de formation de l'anhydride carbonique est 94^c et celle de la vapeur d'eau, $58^c,2$.

220. 1g de benzine dégage en brûlant 9c,92 ; la chaleur de formation de l'anhydride carbonique est 94c ; celle de la vapeur d'eau 58c. Quelle est la chaleur de formation de la benzine ?

221. A 18°, 400g d'eau dissolvent la molécule-gramme de sulfate de fer cristallisé $SO^4Fe, 7H^2O$ en absorbant 1500 calories-grammes. Quel poids de sulfate pourrait dissoudre 1kg d'eau à la même température et combien de calories absorberait cette dissolution ?

222. Quelle est la masse d'eau que pourrait porter de 15° à 100° la chaleur dégagée par 32 litres d'hydrogène dont la moitié se combinerait avec le chlore et l'autre moitié avec l'oxygène ?

On donne les équations de combinaisons :

$$H^2 + O = H^2O + 68900 \text{ calories-grammes},$$
$$H + Cl = HCl + 39300 \text{ calories-grammes}.$$

223. Pour déterminer la chaleur de formation du méthane, on en fait brûler 1 litre mesuré à la pression et à la température normales, dans la bombe calorimétrique. La chaleur dégagée a été trouvée égale à 9c,57. Les gaz de la combustion dirigés dans des tubes à chlorure de calcium et à potasse caustique ont donné 0g,06 d'eau dans les premiers et 1g,973 de gaz carbonique dans les seconds ; de plus on a recueilli 1g,61 d'eau dans la chambre à combustion. On demande de déduire de cette expérience la chaleur de formation du méthane. On suppose connues les réactions :

$$C + O^2 = CO^2 + 94^c,$$
$$H^2 + O = H^2O \text{ gaz} + 58^c,2,$$
$$H^2 + O = H^2O \text{ liq.} + 69^c.$$

224. L'action de l'acide chlorhydrique dissous sur le zinc dégage 34c,2 ; celle de l'acide chlorhydrique dissous sur l'oxyde de zinc, 19c,6 ; la formation de l'acide chlorhydrique dissous, 39c,4 ; la formation de l'eau liquide 69c et la dissolution du chlorure de zinc 15c,6. Calculer les chaleurs de combustion du zinc dans l'oxygène et dans le chlore.

225. La réaction $\underset{\text{dissous}}{PO^3H^3} + \frac{1}{2}\underset{\text{dissous}}{NaOH}$ dégage 7c,4.

— $\underset{\text{dissous}}{PO^3H^3} + \underset{\text{dissous}}{NaOH}$ — 14c,8.

— $\underset{\text{dissous}}{PO^3H^3} + \underset{\text{dissous}}{2NaOH}$ — 28c,5.

— $\underset{\text{dissous}}{PO^3H^3} + \underset{\text{dissous}}{3NaOH}$ — 28c,9.

Déduire de ces données la basicité de l'acide phosphoreux.

226. La chaleur dégagée par la combustion du phosphore ordinaire est de 369c,100 ; celle du phosphore rouge est de 326c,800. Trouver, d'après ces données, la chaleur de transformation allotropique du phosphore blanc en phosphore rouge.

227. Déterminer la chaleur de formation de l'acide hypochloreux ClOH en solution étendue à partir du chlore, de l'oxygène et de l'eau, à l'aide des données suivantes :

La chaleur de formation de l'eau est 69c ; celle de l'acide chlorhydrique dissous à partir du chlore, de l'hydrogène et de l'eau en excès est 39c,3 ; la chaleur de neutralisation de l'acide chlorhydrique étendu par la potasse étendue est 13c,6 ; la chaleur de neutralisation de l'acide hypochloreux en solution étendue par la potasse étendue est 9c,6 ; la chaleur dégagée dans la réaction du chlore gazeux sur une solution étendue de potasse est 25c,4.

(Concours général.)

228. L'action de l'eau sur une molécule de trichlorure de phosphore (*) dégage 63c,6 ; celle de la potasse en solution étendue sur une molécule de trichlorure de phosphore dégage 132c,4 ; celle de la potasse diluée sur une molécule d'acide chlorhydrique dilué dégage 13c,6. On demande la chaleur de formation à l'état dissous du phosphate bipotassique POH.OH.ONa.

(Concours général.)

(*) $PCl^3 + 3H^2O = PO^3H^3 + 3HCl$; de même $PCl^3 + 3KOH = PO^3H^3 + 3KCl$.

§ IV. — ANALYSE DES GAZ. — EUDIOMÉTRIE

229. Le kilogramme de carbure de calcium du commerce C^2Ca donne, en présence de l'eau, une moyenne de 300 litres d'acétylène C^2H^2. Quel est le poids moyen de carbone contenu dans 1^{kg} de ce carbure?

P. at. : $C = 12$, $H = 1$, $Ca = 40$.

230. La combustion de l'acétylène à l'air se fait d'après l'équation

$$C^2H^2 + 5O = 2CO^2 + H^2O.$$

On demande : 1° le volume d'air nécessaire à la combustion de 300^l d'acétylène ; 2° le volume de gaz carbonique produit et le poids de ce gaz ; 3° le poids d'eau formé.

Les volumes seront pris à 0° et à la pression normale 76.

231. Quel volume d'air faut-il pour brûler un volume V d'un carbure d'hydrogène gazeux de la série C^nH^{2n-2} ?

232. On a fait passer sur de l'oxyde de cuivre incandescent un mélange de méthane et d'éthylène qui a donné $1^g,977$ de gaz carbonique et 1^g d'eau. On demande : 1° quelle est la composition du mélange ; 2° quel est son volume à 0° et sous la pression 760^{mm}.

233. On décompose totalement de l'éthylène par le chlore ; on obtient de l'acide chlorhydrique gazeux et du charbon. On demande dans le cas où on opère sur 1^{m^3} d'éthylène mesuré à 0° et à 760^{mm} :

1° quel volume de chlore mesuré à 0° et à 760^{mm} il faudra employer ;

2° quel volume d'acide chlorhydrique mesuré à 0° et à 760^{mm} on obtiendra ;

3° quel poids de charbon sera mis en liberté.

On sait qu'à 0° et à 760^{mm} 1 litre de chlore pèse $3^g,18$; 1 litre d'acide chlorhydrique pèse 1g,635, 1 litre d'éthylène 1g,254, 1 litre d'hydrogène 0g,08958.

(*École Centrale.*)

234. Quels sont les poids de gaz carbonique et de vapeur d'eau produits par la combustion à l'air d'un kilogramme d'alcool absolu. Quels volumes mesurés à la pression 760mm et à la température de 100° représentent ces poids de gaz et de vapeur ?

235. En faisant passer de la vapeur d'eau sur du charbon porté au rouge, on obtient un mélange des trois gaz : CO^2, CO et H : 100cm³ du mélange traités par la potasse ont laissé un résidu gazeux de 78cm³. Quelle est la composition centésimale du mélange ?

236. 100 volumes d'un mélange de méthane, d'éthylène, d'hydrogène et d'azote sont mélangés à 200 volumes d'oxygène. Après le passage de l'étincelle, il reste 135 volumes de gaz dont 80 sont absorbables par la potasse et 45 par le phosphore à chaud. Déduire de ces données la composition du mélange.

237. 2 litres d'un mélange d'hydrogène et d'acide sulfhydrique ont exigé pour brûler complètement 2250cm³ d'oxyde azoteux. On demande quel est le rapport des volumes d'hydrogène et d'acide sulfhydrique dans le mélange.

(*Bacc. Bordeaux.*)

238. On introduit dans un eudiomètre placé sur le mercure 11cm³,02 d'oxyde de carbone, 22cm³,25 de méthane et 50cm³,01 d'oxygène, ces gaz étant pris à 0° et sous la pression 760mm. On fait passer une étincelle dans l'eudiomètre, puis on y introduit de la potasse. Quel est le volume du résidu gazeux mesuré à 0° et sous la pression 760mm ?

(*Bacc., Montpellier.*)

239 On mélange les gaz provenant : *a*) de l'action de l'acide chlorhydrique sur 5g de fer pur ; *b*) de la décomposition par la chaleur de 10g de chlorate de potassium ; *c*) enfin du traitement de 4g d'acide oxalique anhydre par un excès d'acide sulfurique. On demande : 1° le volume de chacun des gaz qui composent le mélange ; 2° à quoi se réduiraient 200 vol. de ce mélange dans l'eudiomètre après l'étincelle.

Tous les gaz sont mesurés à la température 0° et sous la pression 760mm.

(BASIN, *Leçons de Chimie.*)

240. On fait passer dans l'eudiomètre 100^{cm^3} d'oxyde azoteux et 150^{cm^3} d'hydrogène; après le passage de l'étincelle, le résidu gazeux occupe un volume de 150^{cm^3}. On ajoute alors 50^{cm^3} d'oxygène et on excite l'étincelle; le nouveau résidu est de 125^{cm^3}. Déduire de ces expériences la composition en volume du protoxyde d'azote.

241. L'analyse d'un gaz pauvre a donné les résultats suivants :

Volume de gaz soumis à l'analyse	100^{cm^3}
— après absorption par KOH.	$87^{cm^3},5$
— après absorption de CO par Cu^2Cl^2 . .	68^{cm^3}

à ces 68 volumes, on ajoute 20^{cm^3} d'oxygène et il reste après le passage de l'étincelle $65^{cm^3},5$.

Déterminer la composition centésimale de ce gaz.

242. 100 volumes de gaz d'éclairage contiennent 4,98 volumes d'un mélange d'éthylène et de butylène, et la combustion de ces 4,98 volumes donne 13,98 volumes de gaz carbonique. On demande le pourcentage de ces deux gaz dans le gaz de la houille.

243. Calculer la composition centésimale du mélange suivant d'après les données fournies par l'expérience. (Pression, 765^{mm}; température, 15°.)

	Volumes du gaz	Hauteur du mercure dans l'eudiomètre
Gaz analysé	20^{cm^3}	25^{cm}
Après addition de KOH	10,5	34^{cm}
Après addition d'oxygène. . .	25	$23^{cm},5$
Après explosion	23,4	$25^{cm},9$
Après addition de KOH. . . .	18,4	$30^{cm},9$.

244. Un certain gaz a donné, en brûlant à l'air, de l'eau, de l'anhydride carbonique et de l'azote. La combustion complète de $22^l,3$ de ce gaz a exigé $27^l,9$ d'oxygène et a produit $22^l,3$ de gaz carbonique et $11^l,16$ d'azote. Trouver la composition centésimale en poids et en volume de ce gaz pris à 0° et à la pression 760^{mm} de mercure.

245. Sur une longue colonne d'oxyde de cuivre bien sec, contenu dans un tube chauffé au rouge sombre, on fait passer un mélange de vapeurs de benzine et d'alcool méthylique parfaitement exempt d'eau. A la sortie du tube, on recueille $1^g,188$ d'eau et $2^g,640$ d'anhydride carbonique. Déterminer :

1° la composition en poids du mélange ;

2° le volume occupé par sa vapeur à 100° et sous la pression de 760^{mm} de mercure.

246. 100^{cm^3} de gaz ammoniac sont soumis à une série d'étincelles électriques jusqu'à ce que le volume de gaz ait doublé. On arrête alors l'expérience et on ajoute 90^{cm^3} d'oxygène, puis on fait passer l'étincelle électrique à travers le mélange ; après l'explosion, il reste 65^{cm^3} de gaz. Ces volumes ayant été mesurés à 0° et à la pression 76^{cm}, on demande de déduire de cette expérience la formule du gaz ammoniac.

247. L'analyse en poids des gaz recueillis à la partie supérieure d'un haut-fourneau et destinés aux chambres de récupération a donné les résultats suivants :

Hydrogène.	10,6,
Oxyde de carbone . .	50,2,
Gaz carbonique . . .	20,5,
Azote	18,7.

On demande le poids d'air nécessaire à la combustion d'un mètre cube de ce mélange.

248. Dans une salle que l'on supposera hermétiquement close et de 100^{m^3} de capacité brûlent, pendant 2 heures, 4 becs de gaz dépensant chacun 80 litres de gaz à l'heure. La composition centésimale de ce gaz est :

H.	32	C^6H^6	0,9
CH^4.	50	C^2H^2.	1,5
CO	8	C^2H^4.	2.5
CO^2.	1,7	Az	2,6
		O	0,8

Quel sera, au bout de ce temps, le poids de chacun des gaz contenus dans la salle, sachant que la température et la pression restent constantes pendant l'expérience. On supposera aussi l'air primitif parfaitement sec et l'on donne la force élastique maximum de la vapeur d'eau à 20° : $F_{20} = 17^{mm},4$.

249. On fait passer un courant de vapeur d'eau dans un tube de porcelaine rempli de charbon et chauffé au rouge. Le mélange gazeux M est recueilli sur la cuve à eau. On transvase dans un eudiomètre à mercure 100^{cm^3} du mélange, on ajoute 60^{cm^3} d'oxygène, et on fait jaillir l'étincelle. Après refroidissement de l'eudiomètre, on constate que le volume gazeux est réduit à 60^{cm^3}. On agite ce résidu avec une solution de potasse, ce qui réduit le volume à 24^{cm^3}. Déduire de ces données la composition en volumes du mélange M.

250. On mélange dans un même récipient les gaz secs provenant : 1° de la décomposition du cyanure mercurique par la chaleur; 2° de l'action d'un excès d'acide sulfurique concentré et chaud sur l'acide oxalique cristallisé. 100^{cm^3} de ce mélange M sont transvasés dans un eudiomètre à mercure et additionnés de 100^{cm^3} d'oxygène. On fait passer l'étincelle, ce qui réduit le volume total à 182^{cm^3}. Désignons par P ce mélange final. On demande :

1° La composition en volumes du mélange M ;

2° Celle du mélange final P ;

3° Le volume gazeux résiduel R que l'on obtiendra en agitant le mélange P avec une lessive de soude additionnée de pyrogallol.

4° Tous les volumes précédents ayant été déterminés à 15° et sous la pression 750^{mm} de mercure, de calculer le volume du résidu R à 0° et 760^{mm}.

5° De calculer le poids de ce résidu.

§ V. — ANALYSE PONDÉRALE ET VOLUMÉTRIQUE. TITRIMÉTRIE

251. On fait dissoudre dans l'eau 10g de sulfate de cuivre cristallisé $SO^4Cu, 5H^2O$, puis on place une lame de fer dans cette solution jusqu'à réaction complète. On demande : 1° le poids de cuivre déposé sur la lame de fer : 2° le poids de sulfate ferreux SO^4Fe dissous ; 3° l'augmentation du poids de la lame.

P. at. : Fe = 56 ; Cu = 64 ; S = 32 ; O = 16.

252. Quel est le poids de sel marin capable de précipiter l'argent contenu dans une pièce de 1f au titre de 0,835 ?

P. at. : Ag = 108 ; Na = 23 ; Cl = 35,5.

253. On a une dissolution renfermant de l'anhydride sulfureux et du chlorure de baryum. On y verse 100cm³ d'eau de chlore et on sait que tout le chlore entre en réaction ; il se forme 1g de sulfate de baryum. Quelles réactions se produiront ? Quelle est la richesse de la solution en chlore ? Quelle est la quantité d'acide chlorhydrique formée dans la réaction ?

P. at. : Cl = 35,5 ; S = 32 ; O = 16 ; Ba = 137.

Densité de l'hydrogène, 0,07.

Poids spécifique normal de l'air, 0,0013.

(*Bacc. Nancy.*)

254. On réduit par l'hydrogène 4g d'un mélange de sulfure et de chlorure d'argent ; on a obtenu 2g,75 d'argent. Quelle est la proportion des deux composés dans ce mélange.

255. Un mélange de chlorure et de bromure d'argent pèse p grammes ; réduit par l'hydrogène, il laisse un poids p' d'argent. Quelle est la proportion des deux composés dans ce mélange ?

Application : $p = 0^g,060$; $p' = 0^g,648$.

256. Un mélange de chlorure de potassium et de chlorure de sodium bien desséché pèse p grammes. On le traite par un excès d'acide sulfurique et après avoir chassé l'excès d'acide, on trouve que le poids de sulfate est p grammes. Déduire de ces données les poids des métaux contenus dans le mélange.

257. Une dissolution d'azotate d'argent contient par litre une masse inconnue de ce corps. En ajoutant à 100$^{cm^3}$ de cette dissolution 7$^{cm^3}$ d'une dissolution d'acide chlorhydrique renfermant 50^g d'acide chlorhydrique par litre, on précipite tout l'argent à l'état de chlorure d'argent.

1° Quelle est la masse de chlorure d'argent précipité ?

2° Quelle est la masse d'azotate d'argent contenue dans 1 litre de la dissolution ?

3° Si la masse d'acide chlorhydrique contenue dans les 7$^{cm^3}$ de la dissolution chlorhydrique était à l'état gazeux à 0° et à la pression de 76^{cm} de mercure, quel serait le volume qu'elle occuperait ?

P. at. : H = 1 ; Az = 14 ; O = 16 ; Cl = 35,5 ; Ag = 108.

(*Bacc. math., Lille.*)

258. Un gramme d'un mélange solide de sulfate et de chlorure de potassium, traité par l'acide sulfurique, a laissé après concentration et cristallisation une masse de 1^g,25 de sulfate de potassium. Quel est le poids de chlorure de potassium contenu dans 100^g de mélange ?

259. Pour faire l'analyse quantitative du chlorure de baryum cristallisé, on traite d'abord ce sel par l'acide sulfurique ; 1^g,004 de chlorure donnent 0^g,958 de sulfate de baryum. Dans une seconde expérience, on fait agir l'azotate d'argent sur le chlorure de baryum : 0^g,098 de sel donnent 1^g,17 de chlorure d'argent. Enfin en soumettant 1^g,52 de sel à l'action de la chaleur, il perd 0^g,223 d'eau. Déterminer la composition centésimale et établir la formule du chlorure de baryum cristallisé.

260. Une substance cristallisée renferme du cuivre, du soufre, de l'oxygène et de l'eau. Le soufre est précipité à l'état de sulfate de baryum, le cuivre est converti en oxyde de cuivre et les résultats obtenus sont les suivants :

1^g,45 de substance ont donné		0^g,53 d'eau ;
1^g,025	— —	0^g,33 d'oxyde de cuivre ;
0^g,967	— —	0,905 de sulfate de baryum.

On connaît les poids atomiques : H = 1 ; O = 16 ; S = 32 ; Ba = 137 ; Cu = 64.

Trouver la formule de cette substance.

261. On dissout dans l'eau 5g d'un mélange de chlorure de potassium et de chlorure de sodium ; à cette liqueur, on ajoute la solution de 15g d'azotate d'argent pur. Le précipité qui se forme est recueilli sur un filtre, lavé et séché. Il pèse 10g,156. Dans le liquide filtré, on plonge une lame de cuivre et on abandonne l'expérience à elle-même pendant un temps convenable. On enlève ensuite le dépôt qui recouvre la lame, on la sèche et on la pèse.

On demande :

1° Le poids de chacun des chlorures alcalins existant dans le mélange donné ;

2° la perte de poids de la lame de cuivre.

P. at. : Az = 14 ; O = 16 ; Na = 23 ; Cl = 35,5 ; K = 39 ; Cu = 63 ; Ag : 108.

(*École Centrale.*)

262. L'analyse d'un sel d'argent a donné en centièmes

Carbone.	7,895	
Oxygène	21,053	= 100.
Argent	71,052	

On sait, d'autre part, que l'acide de ce sel peut former avec le potassium deux sels, l'un comparable par sa composition au sel d'argent, l'autre contenant pour un même poids de carbone, moitié moins de métal. Calculer la formule de l'acide. C = 12 ; O = 16 ; Ag = 108.

(*Bourses de licence.*)

263. Une analyse d'eau a donné par litre 0g,038 de chaux CaO, 0g,003 d'anhydride sulfurique SO^3, et 0g,052 d'anhydride carbonique CO^2. On suppose l'anhydride sulfurique entièrement combiné à la chaux et le gaz carbonique combiné à l'état de carbonate de calcium $(CO^3)Ca$. Quel est l'excès de chaux ou de gaz carbonique contenu dans cette eau ?

264. On a un mélange de sulfate de potassium et de sulfate de sodium, tous deux sels neutres, et dont le poids total est 2g,348. Après avoir dissous le mélange dans l'eau, on précipite au moyen de l'azotate de baryum, et le précipité pèse 2g,582. Déduire de cette expérience le poids d'anhydride SO^3 contenu dans les deux sulfates et le poids de chacun d'eux.

265. On dissout dans l'eau distillée préalablement bouillie du sulfite neutre de potassium SO^3K^2 et du sulfate neutre SO^4K^2. On traite 25^{cm^3} de cette dissolution par un excès d'une solution neutre de chlorure de baryum ; il se fait un précipité qu'on lave, recueille, dessèche et pèse ; son poids est de $4^g,4692$.

Un autre échantillon de 25^{cm^3} de la même solution est traité de même, mais, après addition d'un excès d'eau de chlore, le poids du précipité est de $4^g,6692$.

Déduire de ces données la composition en grammes par litre de la solution considérée.

$$O = 16 ; \quad S = 32,06 ; \quad K = 39,15 ; \quad Ba = 137,40.$$

(*Bordeaux, Licence scientifique, Chimie générale.*)

266. Pour titrer une potasse brute, on en fait une dissolution au dixième ; or 30^{cm^3} de cette solution sont neutralisés par 18^{cm^3} de solution normale d'acide sulfurique. On demande le titre de cette potasse en potasse pure KOH.

267. On dissout dans l'eau $2^g,5$ de cyanure de potassium du commerce et on complète le volume à 250^{cm^3} ; puis on traite 25^{cm^3} de cette solution par la liqueur décinormale d'azotate d'argent, jusqu'à ce qu'on obtienne un léger trouble de couleur blanchâtre. Combien ce cyanure renferme-t-il pour cent de cyanure de potassium KCAz, sachant qu'on a employé $10^{cm^3},5$ de liqueur argentique.

Réaction : $AzO^3Ag + 2CAzK = (CAz)^2KAg + AzO^3K$.

268. Pour évaluer la quantité de gaz carbonique contenue dans l'air d'une salle, on se sert d'une solution d'acide oxalique telle que chaque cm^3 de solution a le même pouvoir de neutralisation que 1^{cm^3} d'anhydride carbonique à 0° et à la pression 76^{cm} de mercure, puis d'une solution de baryte telle que chaque cm^3 de cette base neutralise $0^{cm^3},92$ de solution oxalique. Trouver le volume, à 0° et à la pression 76^{cm} du gaz carbonique contenu dans 100^{cm^3} d'air, d'après les données suivantes :

Volume d'air employé .	820^{cm^3}	Volume d'acide oxalique employé pour compléter la neutralisation .	$7^{cm^3},5$
Pression.	765		
Température.	15°		
Volume de solution barytique employé			10^{cm^3}

269. 10^{cm^3} d'acide sulfurique du commerce de densité 1,35 sont neutralisés par 40^{cm^3} d'une solution normale de soude. Quel est le pourcentage de cet acide en acide sulfurique SO^4H^2 ?

270. Il a fallu 32^{cm^3} de solution normale de soude pour neutraliser 30 grammes de vinaigre. Combien pour cent ce liquide renferme-t-il d'acide acétique ?

271. On dissout 16^g de bisulfate de potassium impur dans 100^g d'eau ; on prend ensuite 20^{cm^3} de cette solution et on les neutralise par $22^{cm^3},5$ de solution normale de soude. Trouver le pourcentage de bisulfate SO^4KH contenu dans ce sel.

Réaction : $SO^4KH + NaOH = SO^4NaK + H^2O$.

272. Pour analyser un échantillon de chlorure d'ammonium on fait dissoudre 2^g de ce sel dans une solution de potasse ; on chauffe et on fait absorber le gaz ammoniac par 100^{cm^3} de solution normale d'acide sulfurique. L'opération terminée, on prend 20^{cm^3} de ce dernier liquide qu'on sature à l'aide de 12^{cm^3} de solution normale de soude. Quel est le pourcentage du sel ammoniac en chlorure AzH^4Cl ?

273. Pour connaître la richesse en azote d'un azotate de potassium on emploie la méthode suivante. Ce sel est traité par l'acide sulfurique et l'hydrogène naissant ; l'hydrogène s'obtient en mettant du fer dans la cornue. On a la réaction

$$2AzO^3K + SO^4H^2 + 16H = SO^4K^2 + 2AzH^3 + 6H^2O.$$

On traite ainsi 1^g de salpêtre, et l'ammoniac formé est absorbé dans 20^{cm^3} d'une solution normale d'acide sulfurique. Cette dernière solution ayant été titrée à la fin de l'expérience, on remarque qu'il faut, pour la neutraliser, employer 11^{cm^3} de solution normale de soude. Quel est le poids d'azote contenu dans 100^g de ce sel ? Quel est son pourcentage en azotate AzO^3K ?

274. Pour doser le chlore dissous dans une solution contenant 10 % de brome impur, on prend 25^{cm^3} de cette dissolution à laquelle on ajoute une solution d'iodure de potassium, de manière à obtenir 250^{cm^3} de liqueur. On reprend ensuite 25^{cm^3} de ce dernier liquide et on y ajoute 32^{cm^3} de solution décinormale d'hyposulfite de sodium ($24^g,8$ par litre) pour obtenir la décoloration. Quelle est la proportion de chlore dans la dissolution bromée ?

275. On veut connaître le volume de chlore contenu dans 1^{kg} de chlorure de chaux du commerce. On fait dans ce but l'analyse suivante : 5^g de chlorure sont dilués dans l'eau de manière à obtenir un litre de solution ; on traite ensuite 10^{cm^3} de ce liquide non filtré par un excès d'iodure de potassium; l'iode est mis en liberté et il faut 4^{cm^3},5 de solution titrée décinormale d'hyposulfite de sodium pour faire disparaître la coloration bleue, due à l'amidon, dans la liqueur iodée. Évaluer le volume de chlore à 0° et à la pression 76^{cm} de mercure contenu dans 1^{kg} de ce chlorure de chaux.

276. 7^{g},1 de chlorure de chaux du commerce sont délayés dans l'eau, et on complète de manière à obtenir 1^{l} de solution. On traite ensuite 50^{cm^3} de ce liquide par une solution décinormale d'anhydride arsénieux en présence d'un indicateur colorant; il a fallu 27^{cm^3},5 de liqueur arsénieuse pour obtenir la teinte indiquant la fin de la réaction. On demande la valeur en chlore de ce chlorure soit en degrés anglais (pourcentage en poids), soit en degrés français (volume en chlore par litre). (Voir Problèmes résolus, n° 99.)

277. Dans 25^{cm^3} d'une liqueur normale de permanganate de potassium MnO^4K, $\left(\frac{1}{5}\text{ de molécule-gramme par litre}\right)$, on fait arriver un courant de gaz sulfhydrique; on filtre le précipité, on le lave et on le sèche. Dire le poids de ce précipité (*).

Dans la liqueur filtrée, on laisse tomber goutte à goutte une liqueur sulfurique normale, et on fait de temps en temps des essais au papier de tournesol. Quel volume de liqueur sulfurique aura-t-on versé pour atteindre l'acidité?

278. Pour faire l'analyse d'un fer et connaître sa teneur en métal, on fait dissoudre 1^{g} de cet échantillon dans l'acide sulfurique; on ajoute de l'eau bouillie et on expose la solution à la lumière de manière à obtenir le sel ferreux SO^4Fe. 10^{cm^3} de cette solution traités par une solution décinormale de permanganate de potassium (3^{g},16 de MnO^4K par litre) ont décoloré 16^{cm},6 de solution manganique. On demande le poids de fer pur contenu dans 100^{g} de métal.

On sait que la transformation du sel ferreux en sel ferrique est donnée par la réaction

$$10SO^4Fe + 8SO^4H^2 + 2MnO^4K = 5(SO^4)^3Fe^2 + SO^4K^2 + 2SO^4Mn + 8H^2O.$$

279. Pour doser l'acide sulfhydrique contenu dans une eau minérale sulfureuse, on traite cette eau par une solution décinormale d'iode, avec de l'empois d'amidon comme indicateur colorant. Il a

(*) Réactions :
$$MnO^4K + 4H^2S = MnS + 2S + K^2S + 4H^2O;$$
$$K^2S + SO^4H^2 = SO^4K^2 + H^2S;$$
$$MnS + SO^4H^2 = SO^4Mn + H^2S.$$

fallu $2^{cm^3},5$ de liqueur iodée pour amener la coloration bleue persistante dans 20^{cm^3} d'eau sulfureuse. Quelle est la proportion en poids et en volume de sulfure d'hydrogène contenu dans 1 litre de cette eau ?

Réaction : $H^2S + 2I = 2HI + S$.

280. Pour doser le poids d'hyposulfite de sodium contenu dans l'eau de lavage d'épreuves photographiques fixées à l'aide de ce sel, on traite cette eau additionnée d'empois par une solution centinormale d'iode. On a fait les deux essais suivants : les épreuves ayant été plongées dans 200^{gr} d'eau, on fait un essai après 5 minutes de lavage et l'on trouve que 20^{cm^3} de cette eau ont exigé $12^{cm^3},5$ de liqueur titrée pour obtenir la coloration bleue. On opère un nouveau lavage pendant 5 autres minutes et l'essai de l'eau de lavage exige cette fois $4^{cm^3},5$ de solution iodée pour 20^{cm^3} d'eau. Quel est le poids d'hyposulfite éliminé dans les deux lavages?

Réaction : $2I + 2S^2O^3Na^2 = 2NaI + S^4O^6Na^2$ (tétrathionate de sodium).

Formule de l'hyposulfite cristallisé : $S^2O^3Na^2 + 5H^2O$.

281. On traite par le chlore 10^{cm^3} d'une solution aqueuse d'urée ; lorsque la décomposition de l'urée est complète on traite les gaz recueillis par une solution de potasse ; après cette opération, on obtient un résidu gazeux qui, mesuré à 0° et sous la pression 760^{mm}, occupe un volume de $37^{cm^3},2$. On demande la masse d'urée contenue dans 1 litre de la dissolution.

282. On traite 200^{cm^3} d'urine par l'hypobromite de sodium BrONa en présence d'une solution de soude, on recueille 36^{cm^3} d'azote mesurés à 0° et à la pression 76. Quel est le poids d'urée contenu dans un litre de cette urine?

§ VI. — PROBLÈMES DIVERS

283. Tout l'azote contenu dans 1^{m^3} d'air humide à 10° et à la pression 750^{mm} étant converti en cyanure de baryum par son passage sur de la baryte chauffée au rouge avec du charbon, on demande :

1° combien il se produit de cyanure de baryum ;

2° combien le cyanure de baryum donne d'ammoniaque quand on le convertit en ammoniaque sous l'influence d'un courant de vapeur d'eau à 300° ;

3° combien cette ammoniaque étant convertie en acide azotique sous l'influence de la mousse de platine et d'un courant d'oxygène donne d'acide azotique.

(*Concours général, Math. spéciales.*)

284. Étant donné un mélange de phosphure d'hydrogène gazeux et d'hydrogène libre, on fait passer successivement ce mélange dans deux tubes de verre chauffés au rouge et contenant, le premier, de la tournure de cuivre, le second de l'oxyde de cuivre. Le premier tube qui retient le phosphore a augmenté de 496^{mg} ; l'hydrogène en passant dans le second tube a réduit une partie de l'oxyde de cuivre et a donné 648^{mg} d'eau.

On demande de déduire de ces données le poids et le volume du phosphure d'hydrogène ainsi que le poids et le volume d'hydrogène libre qui existaient dans le phosphure primitif.

P. at. : $P = 31$; $O = 16$; $H = 1$.

Densité du phosphure gazeux d'hydrogène, 1,185.

(*Concours général.*)

285. On introduit dans un petit ballon de l'azotate de potassium, de la potasse et un mélange de zinc et de fer ; il se dégage de l'ammoniac. Expliquer la réaction.

En supposant qu'on opère sur $1^{g},25$ d'azotate impur et qu'on recueille le gaz ammoniac dans 10^{cm^3} d'une liqueur normale d'acide sulfurique contenant 49^g d'acide par litre, on trouve que cette liqueur, qui exigeait primitivement un volume de 10^{cm^3} de liqueur normale de soude pour être neutralisée, n'en exige plus que 2^{cm^3}. Quel est le titre de l'azotate ?

(H. Debray, *Cours élémentaire de Chimie.*)

286. On chauffe 1^g d'un mélange de bicarbonate et de carbonate neutre anhydre de sodium dans un ballon muni d'un tube abducteur qui se rend sous une cloche graduée, et l'on constate qu'il se dégage 80^{cm^3} de gaz carbonique ramenés à 0° et à la pression 760. Quelle est la proportion de bicarbonate dans le mélange ?

La surface de l'eau est recouverte d'une couche d'huile pour empêcher la dissolution de gaz carbonique, qu'on supposera sec, dans la cloche où on le mesure.

(*Ibid.*)

287. Dans un appareil à hydrogène contenant 1^g de zinc et un excès d'acide sulfurique, on verse une dissolution contenant 2^g d'azotate de potassium. Calculer le volume de gaz qui se dégagera en supposant qu'on le mesure sur une cuve à mercure à 15° et à la pression 756^{mm}.

288. On dissout 24^g de brome dans une dissolution concentrée contenant $16^g,8$ d'hydrate de potassium. Le liquide porté à l'ébullition et évaporé à sec donne un résidu que l'on pèse.

Ce résidu calciné à une température élevée, dégage un gaz dont on détermine le poids.

On mélange le gaz recueilli avec celui que l'on prépare en chauffant $28^g,8$ d'acide formique pur avec un excès d'acide sulfurique et on fait passer une étincelle dans le mélange gazeux.

Le résidu gazeux est agité avec une dissolution de potasse et le nouveau résidu gazeux mesuré sec est mélangé avec son volume de chlore et exposé au soleil. On mesure ensuite le volume du gaz et on l'agite avec 10^{cm^3} d'eau.

On mesure le volume gazeux final.

On demande :

1° le poids et la composition de chacun des solides ;

2° la nature et le volume, à 0° et sous 760^{mm}, des diverses masses gazeuses obtenues successivement.

Le coefficient de solubilité de l'anhydride carbonique dans l'eau est 1.

P. at. : $K = 39$; $Br = 80$.

(*Concours général.*)

289. Connaissant la somme des volumes V de deux corps solides ou liquides et le volume U de leur combinaison; connaissant de plus la densité moyenne Δ de leur simple mélange sans contraction ni dilatation et la densité D de leur combinaison, déterminer le coefficient de contraction ou de dilatation s'il y a lieu.

Est-il nécessaire de connaître à la fois U et V pour déterminer ce coefficient ?

(*Bacc., Lyon.*)

290. On décompose un poids ϖ d'azotite d'ammonium en utilisant la chaleur de combustion d'un certain volume d'hydrogène au moyen d'une disposition calorifique convenable. On demande de calculer le poids ϖ d'azotite décomposé, ainsi que les poids, et, s'il y a lieu, les volumes gazeux à (0° et à 760mm) des produits de sa décomposition à l'aide des données suivantes :

1° Poids de l'eau du calorimètre, 1 800g ;

2° Poids des parties solides du calorimètre évaluées en eau, 73g,5 ;

3° Élévation totale de température de l'eau du calorimètre, 1°,303 ;

4° Élévation de température de l'eau du calorimètre résultant de la combustion de l'hydrogène employé seul, sans intervention de l'azotite d'ammonium, 0°,378.

5° Chaleur de décomposition de 1g d'azotite d'ammonium, 1C,28.

(*Concours général.*)

291. En dissolvant du phosphore blanc dans une lessive alcaline bouillante, on obtient un mélange gazeux supposé sec.

Après exposition à la lumière, il se forme un dépôt orangé de 0g,12.

Le gaz restant non spontanément inflammable est porté dans des tubes chauffés au rouge et contenant, l'un de la tournure de cuivre, l'autre de l'oxyde de cuivre. Le premier subit une augmentation de 0g,372, et l'autre une diminution de 0g,410.

Déduire de ces données la composition du mélange et le volume qu'il occuperait sur la cuve à eau, à 20° et sous 771mm de mercure.

Tension de la vapeur d'eau à 20°, 17mm,4.

(*Certificat de Chimie générale, Licence scientifique, Bordeaux.*)

292. On soumet aux procédés habituels de l'analyse organique une substance liquide dont on a constaté la pureté par la constance de son point d'ébullition et de son point de congélation.

Par combustion, un échantillon de 0g,500 fournit 1g,419 de gaz carbonique et 0g,339 d'eau. Un autre échantillon de 0g,500 est calciné avec de la chaux sodée ; le gaz mis en liberté est reçu dans 20cm3 d'une certaine liqueur sulfurique et a pour effet d'abaisser de 15$^{cm^3}$ à 4$^{cm^3}$ la quantité de liqueur décinormale de potasse nécessaire pour neutraliser au tournesol ces 20$^{cm^3}$.

Sachant que la densité de vapeur de cette substance est 3,21, on demande de déduire de ces données sa formule moléculaire.

P. at. : H = 1 ; O = 16 ; Az = 14 ; C = 12.

293. Dans 20$^{cm^3}$ de solution normale d'acide sulfurique additionnés de phtaléine de phénol, on verse progressivement une solution fraîche de baryte caustique ; le virage se produit quand on a versé 15$^{cm^3}$ de cette solution. Calculer le poids du précipité qui a pris naissance pendant ce titrage.

Au bout de quelque temps d'exposition à l'air, 1 litre de la même solution barytique a donné lieu à un précipité P que l'on sépare par filtration ; le titrage de la solution ainsi filtrée, effectué comme plus haut, montre qu'il en faut maintenant 18$^{cm^3}$ pour neutraliser les 20$^{cm^3}$ de liqueur sulfurique normale.

Déduire de ces données le poids du précipité P et le volume du gaz que l'on peut en dégager par l'action des acides dilués, ce volume étant mesuré à la température et à la pression normales.

294. On fait passer lentement du gaz oxygène pur et sec à travers un tube à effluves actionné par une forte bobine d'induction. Le gaz à la sortie traverse 100$^{cm^3}$ d'une solution aqueuse d'anhydride arsénieux contenant 0^g,7 d'anhydride par litre. Au bout d'un certain temps, on arrête l'opération ; on ajoute au liquide arsénieux 200$^{cm^3}$ d'une solution d'iode dans l'iodure de potassium à 25^g,4 d'iode par litre.

En supposant que l'effluve ait produit une contraction de 55$^{cm^3}$,7, contraction mesurée à 0° et à 760^{mm}, on demande quel sera le volume d'une dissolution d'hyposulfite de sodium contenant 31^g,6 de sel anhydre par litre nécessaire pour décolorer la solution arsénieuse additionnée d'iodure ioduré après le passage de l'oxygène soumis à l'action de l'effluve.

P. at. : O = 16 ; S = 32 ; I = 127 ; As = 75 ; Na = 23.

(*Concours général.*)

295. Dans une dissolution très étendue contenant 11^g,06 d'hyposulfite de sodium anhydre, on verse peu à peu, à froid, une solution de 6^g,86 d'acide sulfurique SO^4H^2. La liqueur est ensuite filtrée.

D'autre part, on chauffe avec de l'eau, un mélange de 2^g,45 de chlorate de potassium, $2^{g},54$ d'iode et 1^{g} d'acide azotique (*) ; le gaz qui se dégage est dirigé dans la liqueur limpide provenant de la première opération. La liqueur ainsi obtenue est mêlée avec celle qui provient de l'action de l'iode, du chlorate de potassium et de l'acide azotique.

Dans cette liqueur finale, on ajoute un excès de nitrate de baryum ; on sépare par filtration le précipité qui s'y forme, et, dans la dissolution filtrée, on ajoute un excès de nitrate d'argent qui y forme un nouveau précipité. On demande le poids des deux précipités lavés et séchés.

Les poids atomiques sont : $K = 39$; $Na = 23$; $Ba = 137$; $Ag = 108$; $I = 127$.

(*Concours général.*)

(*) $I + ClO^3K + AzO^3H = Cl + IO^3K + AzO^3H$.

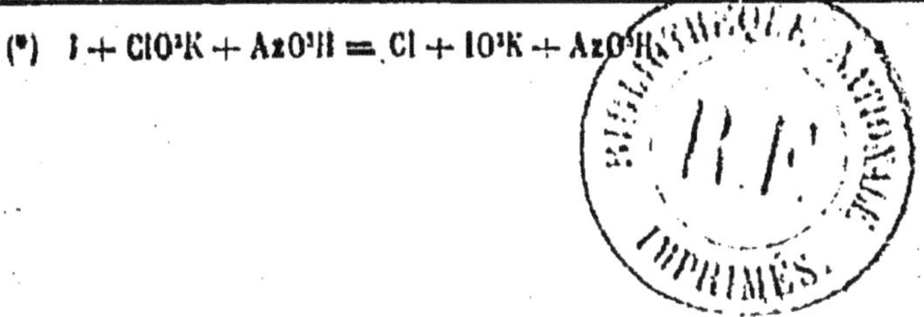

TABLE DES MATIÈRES

NOTIONS PRÉLIMINAIRES

PREMIÈRE PARTIE

PROBLÈMES RÉSOLUS

SECONDE PARTIE

PROBLÈMES NON RÉSOLUS

TRAITÉS DE MATHÉMATIQUES

CONFORMES AUX PROGRAMMES DU 27 JUILLET 1905.

(Vol. 22/14cm, brochés.)

Arithmétique (Mathématiques A et B), par A. Grévy . . . . 2 fr. 50
Algèbre (Math. A et B), par A. Grévy . . . . 6 fr. »
Géométrie (Second Cycle), par A. Grévy. . . . . 7 fr. »
Géométrie plane (Seconde C et D) . . . . 3 fr. »
Géométrie dans l'espace (Première C et D) . . . . 2 fr. »
Compléments de Géométrie (Math. A et B) . . . . 2 fr. »
Géométrie descriptive, par T. Chollet et P. Mineur.
I. Première C et D. . . . . 3 fr. 50
II. Mathématiques A et B. . . . . 3 fr. »
Mécanique (Math. A et B), par C. Guichard . . . . 3 fr. »
Cosmographie (Math. A et B), par A. Grignon. . . . . 3 fr. »
Algèbre (3e B à 1re C et D), par A. Grévy (18/12cm) . . . . . 2 fr. 50
Trigonométrie (1re C et D et Math. A et B), par A. Grévy (18/12cm) 2 fr. 25

SCIENCES PHYSIQUES ET NATURELLES

Physique et Chimie (2e Cycle, Sections scientifiques), par J. Basin, professeur agrégé au lycée de Lille.— Vol. 19/13cm, brochés et cart. :

Physique	(cl. de Seconde C et D)	br. 2 50	cart. 3 »
—	(cl. de Première C et D)	br. 3 50	cart. 4 »
—	(cl. de Mathématiques A et B)	br. 3 »	cart 3 50
Chimie	(cl. de Seconde C et D)	br. 1 80	cart. 2 25
—	(cl. de Première C et D)	br. 1 90	cart. 2 40
—	(cl. de Mathématiques A et B)	br. 2 50	cart. 3 »

Histoire naturelle et Hygiène (classes de Philosophie A et B et de Mathématiques A et B et candidats à Saint-Cyr), par E. Caustier, professeur au lycée Saint-Louis— Vol. 16/11cm, de 840 pages et 892 gravures, 11e édition . . . . 4 fr. 50
Histoire naturelle (Anatomie, physiologie, paléontologie). — Vol. 16/11cm de 684 pages avec 833 gravures. . . . . 3 fr. 50
Hygiène. — Vol. 15/11cm de 156 pages avec 59 gravures . . . . 1 fr. 25

MANUELS DU BACCALAURÉAT

PREMIÈRE PARTIE

Histoire moderne, par H. Hauser. Vol. br . . . . 1 fr. »
Géographie (France et Colonies), par H. Hauser. Vol. broché. . 1 fr 50
Histoire moderne et Géographie, par H. Hauser. Cart. toile . . 2 fr. 25
Physique (Latin-Sciences, Sciences-Langues), par L. Boisard. Vol. cart. toile . . . . 3 fr. »

DEUXIÈME PARTIE.

Philosophie (Série Philosophie), par M. P. Janet, professeur au Collège de France. — Vol. cart. toile . . . . 3 fr. 50
Histoire contemporaine, par H. Hauser. Br. . . . . 1 fr. »
Géographie (Les principales puissances du monde), par H. Hauser. — Vol. broché . . . . 1 fr. 25
Histoire contemporaine et Géographie. — Vol. cart . . . . . . 2 fr. »
Philosophie et Histoire (Série Philosophie), par MM. Janet et Hauser. — Vol. cart. toile . . . . 4 fr. »
Histoire naturelle, par E. Caustier, professeur agrégé au lycée Saint-Louis. — Vol. cart. toile . . . . 3 fr. 50
Philosophie (Série Mathématiques), par P. Janet. — Vol. broché . 1 fr. 25
Philosophie et Histoire (Série Mathématiques), par MM. Janet et Hauser. — Vol. cart. toile . . . . 2 fr. »
Physique (série Mathématiques), par L. Boisard. — Vol. cart. . 2 fr. 50

Bar-le-Duc. — Imprimerie Comte-Jacquet, FACDOUEL Dir.